奥妙科普系列丛书

DISCOVERY

让青少年着迷
的科普书
彩图珍藏版

神奇的
宇宙奥秘

黄延明◎编著

吉林出版集团股份有限公司 · 全国百佳图书出版单位

图书在版编目 (CIP) 数据

神奇的宇宙奥秘 / 黄延明编著 . -- 长春：吉林出版
集团股份有限公司，2013.12（2021.12 重印）
（奥妙科普系列丛书）
ISBN 978-7-5534-3903-7

Ⅰ.①神… Ⅱ.①黄… Ⅲ.①宇宙—青年读物②宇宙
—少年读物 Ⅳ.① P159-49
中国版本图书馆 CIP 数据核字 (2013) 第 317308 号

SHENQI DE YUZHOU AOMI

神奇的宇宙奥秘

编　　著：黄延明
责任编辑：孙　婷
封面设计：晴晨工作室
版式设计：晴晨工作室
出　　版：吉林出版集团股份有限公司
发　　行：吉林出版集团青少年书刊发行有限公司
地　　址：长春市福祉大路 5788 号
邮政编码：130021
电　　话：0431-81629800
印　　刷：永清县晔盛亚胶印有限公司
版　　次：2014 年 3 月第 1 版
印　　次：2021 年 12 月第 5 次印刷
开　　本：710mm×1000mm　1/16
印　　张：12
字　　数：176 千字
书　　号：ISBN 978-7-5534-3903-7
定　　价：45.00 元

前言

Foreword

对于宇宙我们是既熟悉又充满了好奇，浩瀚的宇宙蕴藏着太多未知的奥秘，同样，这片未知的领域也激励着我们强烈的求知欲。人迹罕至的月球是否有生命存在？还有很多来自其他星空的奇怪物种……

我们的知识是有限的，而这些未知的领域却是无限的，怎么揭秘神奇的宇宙呢？广袤的太空，神秘莫测；大千世界，无奇不有；人类的历史，纷繁复杂；个体生命，奥妙无穷……《神奇的宇宙奥秘》为我们形象地展示了一幅幅神奇玄妙的宇宙太空画面，并且从多方位探究了诸多领域的知识。我们在书中不仅可以学到广博的科学知识，更重要的是能够真切地感受到大自然的神奇之处。就让这本书带着我们去拓宽知识的视野，满足我们强烈的求知欲望，丰富我们的精神世界吧！

目录

CONTENTS

第二章　银河系的浪漫星座

第三章　我们的家园太阳系

目录

第四章　宇宙中的壮丽奇观

第五章　宇宙无穷的秘密

目录

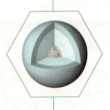

第一章
浩瀚宇宙知多少

在幽静的夜晚，天空中闪烁的星星调皮地对我们眨着眼睛。我们不禁幻想：遥远的天空外有什么呢？是不是有美丽的仙女和和蔼的老神仙？慢慢地，我们才知道，天空的那边没有仙女，也没有长生不老药，有的只是无边无际的宇宙。

宇宙不只是大海和陆地，不只是地球和月亮，它包括着所有的物质，它浩瀚又宽广，包罗万物。而我们，只是其中的一分子。

Part1 第一章

我们怎样认识宇宙

如果宇宙是一只火龙果，我们所在的银河系就是里面的一个小黑点。宇宙是如此广阔无垠，对于这样一个庞大的空间，我们是怎样慢慢地认识它的呢？

远古时候的人们没有先进的探测仪器，在猜测未知事物的时候总会放进自己的主观意识。比如在西周时期，人们看到的地面是平的，天空就像一口锅一样扣在地面上，于是就提出了"盖天说"。这种说法虽然现在看来并不科学，但它是我国古代对宇宙的最早认知。

并非只有中国人有这样简单直观的想法，古巴比伦、古埃及和古印度等国也曾有类似的宇宙认知。公元前 7 世纪，古巴比伦人认为天和地是拱形的，海洋环绕着大地，大地的最中央是高山；而古埃及人则认为天和地组成了一个大盒子，盒子中央就是尼罗河；印度人是信

◆ 蓝色宇宙

奉大象的，所以古印度人觉得整个大地是圆盘的形状，它被背负在几只大象上，而大象则站立在巨大的龟背上，表示稳固和尊贵。

你是不是觉得这些想法很天马行空？要知道，古希腊的学者曾经还觉得大地是浮在水面上的巨大圆盘，它的上面笼罩着拱形的天弧呢。

随着历史的进步，人们的想法越来越成熟，对于宇宙的认识也越来越理

性。"地心说"的理论在欧洲盛行了 1000 多年，这是在公元 2 世纪时古希腊的学者托勒密提出的。这一学说认为地球在宇宙的中间，它是静止的，而太阳、月亮和其余的星星等都是以不同的速度围绕着地球转动的。这个说法虽然不太完善和准确，听上去也比较主观唯心，但至少说明了行星的不均匀运动。

知识小链接

墨西哥人对于一年有多少天的研究相当精确，他们的数字 365.2420 天比我们现在用的 365.2425 天要精确多了。

英国人霍金斯教授发明的巨石阵计算法揭示了公元前 2000 年的巨石阵建造者们对分至、点和预测日食的精确知识。

为什么人们对于宇宙的认识越来越准确和科学？那是因为人们详细而严谨的调查和研究。你知道最早对天文学有系统研究的是哪个国家吗？一些科学家认为是古埃及。因为在公元前 3500 年的时候古埃及人就已经知道水星、金星离太阳比火星、土星、木星离太阳要近。

现在让我们把镜头拉近一点，对准离我们距离最近的月球。你知道对月

❖ 壮阔的南天银河

球的第一个研究声明是在什么时候发布的吗？那是在公元前 6 世纪，由古希腊哲学家巴门尼德发出的。他认为月球的光是借来的。而古希腊的哲学家德谟克利特曾很浪漫地自问自答说："月球上的那些标记是什么呢？那是高山和峡谷的阴影。"

科学不仅仅是浪漫的想象。对于月食，古希腊的哲学家那克萨哥拉很理智地说："月食是因为受到地球的影响。"相对于月食，日食在 4000 多年前就已经被古巴比伦的祭司预测了，而且他们还用楔形文字记下了金星、火星和木星的运动。那么在没有高科技仪器的时候，单凭肉眼他们是怎样做到的？这个问题可能只有当时的人们知道了。

■ Part1 第一章

宇宙是怎样产生的

宇宙很大，它无边无际，充满了神奇和奥秘，令我们向往。可是，朋友们，你们想过吗，宇宙是怎样产生的呢？是什么原因使它产生的？还是有什么东西制造出了它？

对于这样一个听起来很荒唐的问题，科学家们可是争执了很多年，有一种说法是被大家所接受的，就是接下来要说的"宇宙大爆炸"学说。

1922年，苏联的弗里德曼教授提出了一个宇宙模型，虽然得到了爱因斯坦的肯定，但却未能得到重视。到了1927年，比利时天文学家勒梅特关注到了弗里德曼的学说，站在前人的肩膀上做了进一步的猜想，他认为宇宙在若干亿年前是集中在一起的，是一个整体，而某一个时刻，它突然爆炸了，于是形成了现在的宇宙。

其实，"大爆炸"学说到现在还只是一个雏形，它在1946年的时候才被正式提出。美国的伽莫夫基于前辈的理论做了更好的探究和思考，他说宇宙经历了一段从热到冷、从密到稀的演化，这个过程就相当于一次巨大的爆发。

◆ 衰老中的星球

要知道，能被众多严谨的科学家们认可的学说必定是十分严谨的。这个学说的内容正是符合了这一点，它丰富而严谨，包括3个阶段：

第一阶段是最早期，这个时候的宇

❖ 绚烂的宇宙

宙物质密集而高温，物质包括中子、质子、电子、光子和中微子等最基本形态，温度高达100亿摄氏度以上。这个温度听上去是不是十分恐怖？不过理论上认为这个阶段维持的时间很短，短到甚至可以用秒来计算。

第二个阶段是中间期，也就是物质漫长的膨胀期。在这个阶段，宇宙的温度开始下降，元素独自存在的条件渐渐消失，所以它们面临着两个选择，要么消失，要么和别的元素结合。在这样一个淘汰和进化的过程中，宇宙间的物质发生了变化，它们主要演变成了质子、电子、光子和一些比较轻的原子核。和第一阶段相比，第二阶段持续的时间长一些，大概有数千年的历史。

最后一个阶段是稳定期，这个时候宇宙的温度更低了，降到了1.2万摄

❖ 星球爆炸的瞬间

氏度。在这个温度时，宇宙的物质呈现出来的是我们现在所观察到的样子，但它呈气态状。这个阶段持续最长，大概有 200 多亿年，我们现在依然在这个阶段内。在这样一个漫长的时间内，宇宙间的物质慢慢地凝聚，形成了不同的恒星体系。

❖ 宇宙膨胀

虽然"大爆炸"学说现在很受欢迎，但是它刚面世的时候还是备受批评和质疑的。不过就像"日心说"一样，正确的理论在时间的推移中终会闪光，最终会被大众所接受。时间是证明科学和理论正确与否的最好见证，越来越多的观测事实支持着"大爆炸"学说。

知识小链接

"大爆炸"学说虽然严谨而富有想象力，但并不能解释所有的问题。比如说宇宙十分均匀，这和"大爆炸"中不规则的物质运动有些矛盾。

都有哪些发现证实着"大爆炸"呢？比如：通过观测和研究，人们发现宇宙中确实没有超过 200 亿年的宇宙体，这也证明了第三阶段中恒星是在 200 亿年内产生的说法是正确的。另一个说法是宇宙中物质氦的含量在 30%，这样的高含量似乎只有"大爆炸"的解释最为合理，因为在理论中第一阶段和第二阶段中宇宙的温度特别高，在这样的条件下，产生氦的效率才能足够高。

■ Part1 第一章

宇宙多大**年纪**了

我们对于宇宙的研究充满热忱，很想知道更多关于它的知识。它存在了多久？几十亿年？几百亿年？不要再猜了，我们还是先去看看历史上都有什么答案。

最先提出宇宙起源的是中国的一则神话故事《盘古开天辟地》，它提出"以十二万九千六百年为宇宙之终始"的说法。这则故事富有想象和浪漫的色彩，虽然不准确，却是人类首次提出关于宇宙的年龄的说法。

对于这个问题比较科学的说法出现在 1755 年，德国的康德认为：地球的年龄大概为几百万年。对于这样一个数字，"大爆炸"学说是很不认可的。我们已经提到过"大爆炸"的三个阶段，它认为宇宙从开始到现在的形态经历了一个十分漫长的阶段，温度的降低和元素的消失与结合都需要极其漫长的时间，它认为宇宙的年龄至少在 200 亿岁。

"大爆炸"的理论时间来自哈勃常数，但是它要求的条件比较固定，对宇宙物质这样一个充满了不确定因素的对象来说，它所测出的数字误差肯定

❖ 宇宙

神奇的宇宙奥秘

是相当大的。

比较科学的数字是由法国的天文学家沃库勒算出的，他采用比较科学的方式算出了一个数字——100 亿，不过这个数字和"大爆炸"相差太大。

关于这个问题，大家各执己见，宇宙到底有多少岁呢？人们觉得不应该太绝对，天文学界觉得它的上限应该是200 亿年，下限应该是 140 亿年，这样的数字跨度实在太大，只能说是比较保险的说法，精确的数字，还等着人们去研究。

> **知识小链接**
>
> 《盘古开天辟地》是我国的一个神话故事。传说盘古是中国古时的神，在天地还没有开辟以前，宇宙就像是一个大鸡蛋一样混沌。盘古在这个"大鸡蛋"中一直酣睡了约 18,000 年后才醒来，他很不喜欢现在的世界，于是凭借着自己的神力开辟出了天和地。

2001 年，巴黎的天文科学家们利用高精度光谱仪，勘测出银河系外缘一颗古老行星上的铀元素含量，并把这个含量和钍元素含量进行了比较，推算出宇宙的年纪在125 亿年，前后的误差大概为 30 亿年。

❖ **宇宙全景**

2002 年，由法国、荷兰、德国和美国科学家组成的一个科学小组发现在 135 亿光年外有一个正在形成的星系团。他们发现星系团是宇宙初期时候的产物，推算出它的年龄在 135 亿年左右，所以宇宙的年龄肯定在 135 亿年以上，不过也不会超出许多，详细的时间还需要进一步的研究。

■ Part1 第一章

宇宙有多大

> 宇宙存在了多久？它又有多大？它从何而来，又是否会终结？充满了未知的宇宙还等待着我们继续去探索。

对于天空，我们有着太多美好的想象，现在看来虽然不科学，但却十分浪漫。我们知道，神仙是不存在的，天的那边还是天，没有尽头，也永远看不完，它就是宇宙。

宇宙到底有多大，这个问题没有最准确的答案。古往今来很多著名的科学家都给出了自己的推测，其中包括亚里士多德、伽利略、牛顿和爱因斯坦。

亚里士多德所处时期人们的思维比较唯心，认为宇宙是有边界的，就像是一个房间，总有最外缘的地方，而整个最外缘指的就是恒星天。超过了这个边缘，就没有空间存在。

这个理论在牛顿时代发生了改变。牛顿认为宇宙是无边无际的，它的空间和体积是无限的，根本就没有边缘的说法。它的空间就是一个三维的欧几里德多向空间，6 个方位的延伸是无止境的。

基于亚里士多德和牛顿的观点，20 世纪后的伟大科学家爱因斯坦提出了新的理论，也就是十分有名的"广义相对论"。他认为单纯用几何理论

❖ 牛顿像

来证明宇宙空间是不完善的，因为宇宙的空间结构与物质的运动有关，富有变化性。在这样的基础上，他提出了"广义相对论"，推算出了一个有限无边的空间。

什么是有限无边呢？有限，指的是空间的体积有限。而无边，则是指这个三维空间永远走不到尽头。

怎样解释呢？就像我们在地球上旅游，不管用了多少年、绕了几圈，都觉得自己没有走到地球的尽头。就像把一只蚂蚁放在西瓜上，它永远无法结束奔跑一样。

❖ 浩瀚的宇宙

我们的宇宙可能就是这样一个空间，它可能本身有限，但对于我们来说，却永远走不到尽头，像是无限的一样。

宇宙一直在膨胀吗

"大爆炸"学说认为宇宙因为膨胀，所以使得空间越来越大。那我们就产生了新的疑问，即使到了现在，宇宙还在膨胀吗？它会一直膨胀下去吗？会不会有结束的时候？

在 1929 年的时候，美国的天文学家哈勃发现河外星系普遍存在着红移现象，表明河外的星系正在远离我们而去。不管我们所在的是哪颗星球，不管以哪颗星球为中心，都会发现所有的星系向着四面八方飞去。

为什么星星们正在互相远离呢？怎么可能所有的星星彼此之间都在远离？要知道，在一个固定的空间内，这是不可能的。科学家们认为，这恰恰证明了宇宙目前还在膨胀，就像是一个布满斑点的气球，这个气球在变大的同时，那些斑点之间的距离就会越来越远，不管是以哪颗斑点为中心，都会看见彼此之间的距离在变大。

是的，宇宙一直是在膨胀的。可是，它会一直这么膨胀下去吗？它会不会结束呢？

不同时期不同的人看法也不尽相同。科学家们慢慢地发现，宇宙虽然一直在膨胀，不过速度却越来越小，这是因为宇宙中物质之间是有引力的，只是这种引力的大小到目前为止还无法确定

❖ 1572 年发现的 Ia 型超新星

而已。

如果这种引力不太强，不足以完全拉回附近的物质，那么它们彼此之间的距离依然会慢慢变远，但是速度会无限地减小，宇宙就会无限地膨胀下去；如果这种引力够大，那么物质之间的远离速度总有一天会变成零，然后再慢慢地靠近，宇宙就不再膨胀，而是慢慢地缩小了。

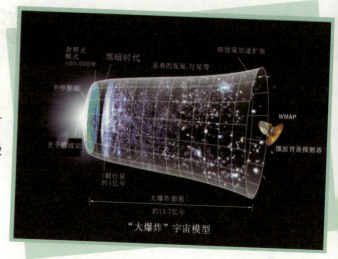

"大爆炸"宇宙模型

这种说法引起了很多人的思考，如果是这样的话，那么宇宙的未来是怎样的呢？很多学者认为，宇宙中物质之间的引力是非常小的，所以宇宙的膨胀会无止境地进行下去。不过他们也认为，宇宙的质量有一个终结，如果超过了这个终结，宇宙就会因为中间的引力而慢慢聚拢；如果质量还没有达到终结，那么它就会一直膨胀下去；如果质量和这个终结刚刚持平，宇宙结构就是平坦的，它也将膨胀下去。

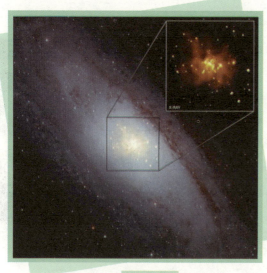

❖ 膨胀的宇宙

我们刚刚谈到了宇宙结构，什么是宇宙结构呢？科学家们提出了一个标准：如果两束平行光越来越近，那么宇宙结构就是球形的；如果光线一直平行下去，那宇宙结构就是平坦的。

而经过研究发现，从大尺度看的话，宇宙发出的光并没有发生弯曲，一直维持着平行的状态，这可以证明宇宙的结构是平坦的，也就是说宇宙的质量和终结相持平，所以依然会膨胀下去。

尽管这样的说法证据充足，但也有科学家持不同意见。他们觉得，宇宙的引力比我们想象的要大很多，它足以使宇宙间的物质停止远离，开始靠近，也就是说足以使宇宙收缩。

他们计算，如果宇宙的平均物质密度小于 $5×10^{27}$ 千克/立方米，那么，现在的宇宙就会不断膨胀下去，并且，星体之间的距离会越来越远。如果宇宙的平均密度大于 $5×10^{27}$ 千克/立方米，可能在几十亿年之后，受引力的作用，星系将重新靠近。

星系们靠近后会发生什么呢？我们不妨大胆地想象一下。在强大的引力作用下，星系们互相靠近，然后发生碰撞，发生巨大的光和温度，这样的话宇宙间的物质就会被压缩在很小的空间内，形态仿佛"大爆炸"中的第一阶段，它可能再来一次"大爆炸"使得空间再经历一个漫长的膨胀过程。

还有一些科学家们持第三种观点，他们认为宇宙间的膨胀和收缩没有最开端也没有结束，宇宙是运动的，它一直都处在变化的状态中。宇宙慢慢地膨胀，到了极限便会慢慢收缩，而收缩到一定阶段，又开始慢慢膨胀。他们称之为"震荡宇宙"。

❖ 膨胀中的银河系

正像我们不知道宇宙究竟有多大一样，我们也无法正确地得出它是否会一直膨胀，宇宙太大了，它的极限状态会是怎样，是否会在一定的阶段后慢慢收缩，是否会再一次经历"大爆炸"，这些我们都无从得知。

这些问题也像天上的星星一样，调皮地眨着眼睛，等着我们去探索搜寻。

■ Part1 第一章

宇宙有**中心**吗

人们曾一度认为地球是宇宙的中心，说明我们对于"中心"这样一个概念比较敏感。太阳是太阳系的中心，而太阳系中的所有行星又围绕着银河系的中心在运动。

那么，宇宙有中心吗？宇宙万物是不是也在围绕着一个中心在运动？我们觉得会有，不过科学家们大多不这么认为。如果要说宇宙的中心，就不得不从宇宙的膨胀开始说起。他们认为宇宙的膨胀一般不发生在三维空间，而是发生在四维空间，也就是包括时间这个条件，而这样一来，四维空间的膨胀就不太好描述。

❖ 星系

❖ 地球

我们来举个例子：比如宇宙是一个正在膨胀的气球，而星系则是气球上的点，我们就住在这些点上，还有一个条件，就是这些点不会离开气球的表面，也不能进入到气球的里面，只能在外表移动。

气球在一直膨胀，那么点与点之间的距离就会越来越远，以某一个点为中心的我们就会发现

别的点都在远离，而且离得越远的点离开得越快。

这个时候，我们需要去找一个点原本存在的位置，这个时候其实它已经不存在了，因为膨胀是从气球的内部开始，它的坐标已经发生了变化。我们所能找到的，只是那个点在原本在气球表面的一个位置，而这是不正确的。

所以说，宇宙的中心也无法寻找。它经历了漫长时间的膨胀，每时每刻的中心都不一样，甚至可以说，根本就不存在中心。即使我们看到了某一时间它的位置，但它却可能在下一秒移动或不见。

◆ 神秘的宇宙

所以说，活动中的东西是最难捕捉的。宇宙是否有中心，这个没有答案的问题，还是会困扰着我们。

015

Part1 第一章

宇宙在**旋转**吗

地球自转，所以我们看得见朝阳和晚霞；地球公转，所以我们能看到四季交替。而太阳也是一样，它也在围绕着银河系的中心运动，和众多的恒星一起，组成了明亮的银河系。

那么，宇宙也在旋转吗？假如它也在旋转，那么，会产生什么样的结果呢？

我们假想，四个星系位于一个正方形的四角，不考虑它们之间互相的引力，受宇宙膨胀的影响，它们之间的距离越来越远，这个正方形也就慢慢地放大。而假如宇宙在旋转的话，那么这个正方形就变成了一个圆，星系们沿着螺线型轨道慢慢地远去。

历史上人们也思考着这个问题，对宇宙是否在旋转的研究有哪些呢？我们先来看一下吧。

1982 年，法国天文学家伯奇认为天体相对于星系际介质做旋转，而旋转轴与宇宙旋转轴相重合。他研究了 130 多个河外双射电源的观测数据，发现这些射电源在空间磁场矢量的方位角与延长线的方位角之差，在其中一半天空为正值，在另一半则为负值。

除此之外，伯奇推测宇宙在以每年 10^{-8} 弧秒的角度旋转。

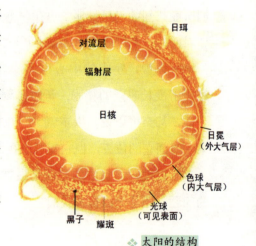

日珥

对流层

辐射层

日核

日冕
（外大气层）

色球
（内大气层）

光球
（可见表面）

黑子　耀斑

❖ 太阳的结构

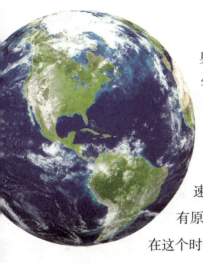

1983 年，欧洲核子研究中心的科学家伊利斯和奥立夫从理论上探讨了暴胀宇宙模型。他们计算出宇宙作为一个整体，旋转的速度不能大于每年 $4×10$ 角秒，这比伯奇的计算结果小 3 个数量级。

为什么宇宙的旋转速度这么慢？两位科学家认为这是宇宙暴胀的结果，即便它在早期的时候旋转速度很快，宇宙暴胀也会使速度急剧减小。这不是没有原因的，因为在暴胀阶段宇宙的体积增大了 1030 倍，在这个时候它的角度却是没有改变的。

我们可以想象一下，一位优美的冰上舞蹈家，当他张开双臂时他的旋转速度会变慢，这也是宇宙旋转速度受暴胀原因变慢的形象比喻。

更严谨的研究是在 1984 年，这一年，加拿大多伦多大学的毕坦霍尔茨及克隆贝尔格对 277 个河外射电源的数据进行了分析和研究，虽然重复了伯奇的研究，但是没有取得太大的突破。而这一年里，美国苏塞克斯大学的巴罗、索鲁达和波兰天文学家居斯凯维茨研究的最近检测值，从理论上探讨了宇宙旋转夹角的限值。

他们的计算结果是这样的：如果宇宙会永远地膨胀下去，那么它的旋转速度不能快于 10^{-9}。

这样的一个结论排除了伯奇效应的宇宙旋转的解释，而对于其他宇宙模型，限值则更加严峻。

所以说，对于宇宙是否在旋转，旋转的角度是多少，要考虑进去的因素实在太多，不同的宇宙观和立场所采用的研究方式不同，观察的方向不同，得出的结果自然也不同，甚至可能是相悖的。

❖ 银河系

Part1 第一章

宇宙喷流是怎样产生的

什么是宇宙喷流？从外观上看，它像是喷发出的一束发光流体，十分美丽。那它是怎样被发现的？它又是怎样产生的？

喷流的名字来自于 1917 年，那时候美国大学天文台的柯蒂斯在一次观测中无意间发现了从室女座方向的椭圆星系 M87 向南北方向伸出一条细而直的亮束，它大约长达 19 角秒，看上去很像是喷出的一束发光流体。这是人类第一次发现喷流，但是因为仪器精密度不足，对于喷流无法进行深入的研究。

时间过去了很久，直到 1971 年，观测仪器已经有了很大的发展，这个时候人们发现很多的河外星系，尤其是椭圆形的星系都有着射电双瓣型的外部结构。科学家们对这个发现很好奇，为了解释它，英国剑桥天文研究所的里斯想起了喷流。

❖ 宇宙喷流

里斯认为：正是因为喷流向着两个相反方向喷出，带出了物质和能量，所以才形成了发出强烈电辐射的双瓣。仪器的进步使里斯的说法很快就得到了证实。

我们现在可以知

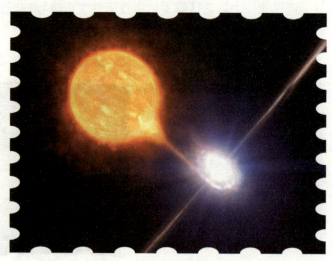

道，喷流是宇宙中一种常见而普遍的现象，它的规模有大有小。规模大的如星系喷流，它是一种狭长的电离气体束流，从巨大的星系中心喷出，速度可高达每秒 20 万千米，相当于光速的 2/3，延伸长度甚至相当于太阳和地球间距离的 100 亿倍。

❖ 艺术家绘制的 SDSS J1106+1939 类星体与附近超大质量黑洞形成的壮观喷流物质

这种规模带出的能量相当于 1000 万颗恒星质量全部转化才能得到的能量，其规模和形态简直难以用词语来表达。

而比较小规模的喷流比如银河系内气体尘埃之中的分子气体双极流，它来自新生原恒星和年轻的行星，速度比较低，差不多为每秒几十到数百千米，长度与太阳和地球间距离相当。

喷流的形态更是千奇百怪：有直的、弯的、单侧的、双极的，还有对称的和反对称的，更奇妙的是，还有大喷流的始端又套着一个小得多的"袖珍"喷流的情况。

喷流是宇宙间壮观的景色，那么它是如何产生的呢？

虽然到现在已经有了很多种的说法，但是大同小异，可以分为几大类，我们来一一描述。

20 世纪 70 年代的时候，科学家们假想，在宇宙之中有一个黑洞在自转，这个自转会导致空间的扭曲，这也就引起了包围着黑洞的气体转速不同，这样一来，气体之间的摩擦就会造成两种效果。一是

❖ 美国宇航局的费米空间望远镜已经为天文学家们绘制了一些最详尽的宇宙巡天地图

使气体慢慢地沉到了黑洞赤道面上形成盘。二是使气体慢慢地向着中心"吸积"。在这个过程中，机械能转化成了热量，靠近吸积盘的中心部位的温度特别高，形成了很强的辐射场。

辐射场内超强的辐射压首先会沿着转轴的方向把气体盘吹透，形成两个喷口，然后气体就从两个喷口喷出，形成了美丽的喷流。

这个描述很生动，但是也有很多的漏洞。要知道，这种辐射场的可见光和紫外辐射远远大于人们实际检测到的数字。另一方面，喷流中的物质和能量源源不断，这至少说明在内部还有着我们不知道的剧烈运动。最后，喷流在距离我们上万光年的距离处不断加速说明其能量之巨，为什么会这样？科学界还没有满意的解释。

还有人认为这单纯是流体力学的，有的则认为存在着湍流加速，甚至有人认为喷流是一个星系在吞食伴星系时产生的。

❖ 这一喷流最早是由美国宇航局费米空间望远镜首先发现的。孟苏是哈佛－史密松天体物理中心的天文学家，他说："我们今天所见的微弱喷流是一个鬼影，是它在 100 万年前爆发后留下的痕迹。"

关于喷流产生的原因，说法实在是太多了，不管怎么样，它们都是人类十分大胆而科学的想象。不过想要得到真正的答案，似乎还需要更长的时间。

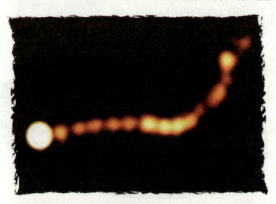

❖ PKS 0637−752 喷射流绵延近 200 万光年，酷似航空发动机燃烧室脉冲喷射流。

什么是宇宙反物质

就像硬币一样，很多的东西都有正面和反面，宇宙中的物质也是这样。

反物质就是正常物质的反状态，就像是一正一负，当两种状态的物质相遇时，它们就会相互抵消，发生爆炸产生巨大的能量。

最早提出反物质概念是在 20 世纪 30 年代，英国的物理学家狄拉克预言说每一种粒子都有一种与它状态相反的粒子存在。就像电子一样，它的反状态就是反电子，它们的质量虽然一样，但是携带的电荷却刚好相反。

他的预言得到了很多科学家的支持，他们认为，宇宙经历了十分漫长的过程，在这段过程中产生了等量的物质和反物质，只不过在漫长的时间内，反物质转化成了物质，所以在现在看来，宇宙是由物质构成的。

支持这个观点的科学家还提出，宇宙中存在着由反物质构成的反星系，反星系的周围也有着很多微小的黑洞群，在衰亡的时候会放出低能的反质子和反氦原子核。而支持这个理论的证据，则是在宇宙中观测到的宇宙射线中的反质子和反氦原子核。

而真正证实宇宙中反物质的存在的

❖ 狄拉克

是欧洲航天局的伽马射线天文观测台。科学家们在宇宙中进行了分析和观测，发现在那个区域中有着大量的反物质，除此之外，他们发现这些反物质的来源很广，位置并不聚集，而是广泛地分布在宇宙空间内。

❖ 反物质假想图

反物质的发现对于我们的生活也有着影响，如正电子，它是反物质一种形式，到目前为止有了很多的实际用途。

正电子发射 X 射线层析照相术，医生利用它不仅可以得出病人软组织的详细图像，还能观察到他们体内的化学过程，甚至能观测到他们大脑在他们活动时的运行和消耗状态。还有一点十分值得一提，反物质有一个潜在的用途，就是用来制造星级航天火箭的超级燃料。例如，将氢和反氢混合，它们会互相抵消，然后产生巨大的能量，这样的 0.01 克物质相当于 120 吨由液态氢和液态氧组成的传统燃料，不仅可以减轻重量，也可以提高飞行的速度。

到目前为止，通过实验知道的基本粒子大概有 300 多种。而科学家们认为，没有被我们发现的粒子种类肯定更多。但是不管是已发现或是没发现的，也不管它们到底有多原始，它们都有一个共同特征：每一种粒子都有它相应的反粒子，而且它们的质量相等，而其他一些性质却正好相反。也有少数粒子的反粒子就是自身。

我们在探寻着反物质，但是为什么它的发现会这么晚呢？还有宇宙中的反物质怎么会这么少呢？

有人说，在宇宙初始的时候，物质的存在就多于反物质，这样的说法算是

❖ 反物质可能是世界上最有威力的爆炸性物质

一种解释，不过从科学上来说有点站不住脚。在著名的物理学家温伯格等人把"大爆炸"学说和基本粒子的大统一理论结合在了一起时，就得出了第二种答案。

温伯格认为在宇宙创始的时候，宇宙的温度特别高，物质是以基本粒子的状态存在的，并且相互之间的作用很强。而拥有这样的作用需要的一个条件就是正反粒子平衡。而在大爆炸之后，温度降低了，可能是存在的极高能粒子 x 不再产生，却向重子衰变。

❖ 温伯格

可以这么说，重子指的是质量和质子、中子差不多的粒子，而粒子和反粒子衰变成重子的过程是不对称的。当温度适宜时，它们衰变成重子时产生重子和反重子的比重为 1000000001:1000000000，其中的不平等是十分微小的。

而正重子和反重子相互抵消，最后唯一剩下的重子组成了我们现在看到的宇宙物质。而根据推算，在宇宙中这样多余的重子数目大概为 1000 多个。

❖ 宇宙反物质

关于宇宙中反物质的理论有以上两种说法，不过都没有得到实验的有力支持。对于这两种说法，科学家们所持的态度也不同。毕竟，科学的计算和推测才是证明宇宙的方式，单单是想象显得有些牵强。

究竟反物质是怎样出现的，在什么时候出现，是否和物质是同等数量的，这些问题依然困扰着科学界。

Part1 第一章

暗物质是什么

> 宇宙中的物质众多，所包含的力量也不可估计，而暗物质无疑是极具挑战性的课题，它的力量之巨，包含之广令我们咋舌。什么是暗物质？它是怎样出现的？

暗物质指的是宇宙中 90% 以上的物质含量，我们所能看到的物质在宇宙中所占的比重不到 10%。

其实，在 1957 年获得诺贝尔奖的李政道曾经说过，暗物质的含量占宇宙质量的 99%。我们可以探测到物质，却很难捕捉暗物质的影子，虽然看不见它们，它们却一直在影响着我们。它们可以干扰星体发出的光波和引力，能被感觉到，却很难去探测。所以到现在科学家们也无法给出有力的证明。

那么关于暗物质的概念是什么时候提出的呢？它是怎样被发现的？

暗物质的理论提出来的时间并不太长，只有几十年的时间，刚提出的时候仅仅是理论的产物，不过一段时间过去，我们知道这不仅仅是一种猜测，而是毋庸置疑的事实。

◆ 图中显示的蓝色部分是暗物质

暗物质是宇宙中最主要的组成部分，暗质量是普通物质的 6.3 倍，密度占了宇宙的 3/4，甚至可以说暗物质主导了宇宙结构的形成。

暗物质是怎样的？它是怎样的形态？本质又是怎样的？我们假设一下，

如果暗物质是一种相互作用较弱的亚原子粒子的话，这样形成的宇宙大尺度结构就会与观测相一致。不过对于星系和亚星系结构的最新分析发现，这一假设和观察的结果有差异，这样一来，关于暗物质的很多种说法似乎都有了用武之地。

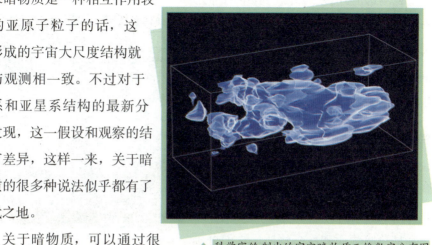

❖ 科学家绘制出的宇宙暗物质三维数字分布图

关于暗物质，可以通过很多种方式区分潜在的暗物质的模型，这对于暗物质的研究来说，带来了新的曙光。

暗物质最早被提出是在 20 世纪 30 年代，美国加州工学院的瑞士籍天文学家弗里茨·兹威基用光度和动力学方法分别估计后发星系团的质量，探测结果发现，用这两种方法得出的质量结果差别实在是太大了，动力学质量要比光度质量大出了足足 400 倍。这样一来，他认为后发星系团的主要质量并不是他观测到的物质组成的，而是有其他看不到的、探测不到的物质组成。

知识小链接

2009 年，美国的科研机构在美国明尼苏达州北部的一个废弃铁矿中发现了暗物质粒子。这给人们对于暗物质的猜测送上了最大的一份礼物。

而这样的物质到底是什么，兹威基完全不知道，只好用"下落不明的物质"来代替。但不管怎样，暗物质的面纱已经被轻轻地掀起。

虽然现在我们对于暗物质有了比较深的了解，但暗物质的说法也经历了比较长的空白期，有一段时间，人们觉得这简直是天方夜谭，宇宙的物质就是那些我们可以探测到的，至于这两种探测方法为什么差别这么大，肯定是由别的原因造成的。

随着科技的发展，人们对于天文的研究越来越细致，而关于暗物质也有了新的说法。在 1978 年以后的一段时间，有科学家通过直径 10 米的天文望远镜观测远河外星云，测出其中两种元素丰度的比值比过去测出的数值大了一倍以上。这样一来，可以肯定的是，在星系周围一定有我们看不到的非常见的物质存在着。也就是说，在宇宙中确实是存在着暗物质的。

不过暗物质是什么样的形态，由什么物质组成的，科学家们提出了几点猜测。他们认为暗物质可能有两种形态，分别是热暗物质和冷暗物质，它们分别

◆ 2008 年拍摄暗物质与普通物质碰撞的分割图

保持着相对和非相对论性，它们在宇宙演化的过程中起着不同的作用。虽然对于暗物质有了概念，不过怎样去探索它，怎样去发现它的真面目，还是一个很大的难题。

科技的发展使天文仪器有了很大的进步。1991 年，欧洲南方天文台出资6 亿美元架设了目前世界上最大的天文望远镜，它由 4 面主透镜组成，每一面透镜的直径达到了 8.2 米，厚 18 厘米，重 22 吨。通过它，可以观察到遥远的天体和星系。

到了 2006 年，美国的天文学家利用望远镜对某一星系进行了观测，发现了星系碰撞的过程，它们猛烈的碰撞爆发出了巨大的威力，使黑暗物质和正常物质分开，也就是这次观测为暗物质的存在提供了有力证明。

关于暗物质，科学家们正做着进一步的研究和观测。而它们到底存在了多久，是否还在继续出现，力量有多大，等着我们去进一步研究。

Part1 第一章

什么是引力透镜

人类中有双胞胎的存在，那么在宇宙中呢？是否有星系是相似的？是否有星系和太阳系是一样的？

宇宙中的物质构成了星体和类星体，它们一直在向外界放射能量，而科学家们对它们的观测方式就是利用望远镜收集各种星体的光，然后将它们变成光谱，然后通过光谱了解每个星体的特征，再对它们与地球的距离进行推算。

以前人们认为类星体的光谱就像是人的指纹一样，没有两个星体的光谱是一样的。不过这个推论被无情地驳倒了。

美国天文物理学家特纳在基特山峰国家天文台用直径4米的反射望远镜指向天空中相距很远的亮点，它们是特纳一直在观察的两个遥远而又神秘的类星体，它们距离地球的距离很远，大概经过几十亿光年的距离才到达地球。通过观测和对比后，特纳大吃一惊，他发现两个星体的光谱完全一样！

这意味着什么？就相当于两个人的指纹完全一样，这两个类星体太相似了，它们不仅有相同的化学性质以及温度，而且离地球的距离也相同。

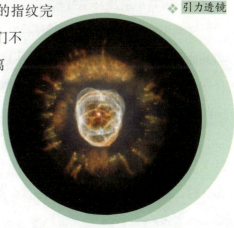

❖ 引力透镜

这简直太让人震惊了！特纳立刻将这个发现和其他7位科学家进行了分析和推测，然后得出了一致的结论：这两个发光体来自于同一个类星体。

❖ 引力透镜形成机理图

也就是说，存在着一个从未被发现和探测到的极其巨大的类星体，这个类星体可能是银河系中一个巨大的星团，也可能是一个远比以往任何时候发现过的黑洞规模都要大得多的黑洞。

可是，一个类星体怎么会有两个像点呢？

由此"引力透镜"这个词汇被发明了出来。科学家认为，"引力透镜"就是一个有着巨大引力场的物体位于类星体和地球之间，当类星体发出的光靠近这个物体的时候，它巨大的引力场就会使得光线发生偏转，这样一来，我们在地球上看到的就是同一个星体有两个像。

1915 年，伟大的科学家爱因斯坦就曾经预言：根据相对论的说法，光线通过一个巨大引力场的时候会发成偏转。

爱因斯坦的预言在 1919 年的时候被证实。在远离西非海岸的一个小岛上，英国天文学家爱丁顿精确地测出了一颗星球的位置。而在日全食发生的那一天，可以在太阳的边缘上看见这个星球。这是为什么呢？因为从这颗星球发出的光靠近太阳的时候发生了偏转，我们在地球上所看见的位置和它预定出现的位置偏移了一些距离，偏移的数值与爱因斯坦的预言刚好相同。

这个预言被证实之后，爱因斯坦和其他科学家们经过试验，认识到了存在引力镜透效应的可能。而关于效应的研究，到现在还在继续。

一项发现对于人类的文明进步有着巨大的意义，而对它们进行深入的研究和探讨，需要一代代的科研工作者不懈地继续下去。

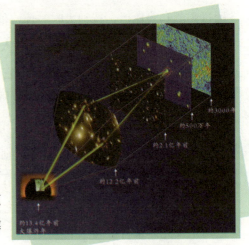

❖ 引力透镜

■ Part1 第一章

为什么晚上的天空是黑色的

所有人都知道夜晚的天空是黑的，就像知道糖是甜的一样，但是它为什么是黑的呢？

提出这个问题的时候，大家可能会一笑了之，觉得因为没有了阳光，自然就是黑的。这个答案其实是不准确的，而这个问题也值得我们去研究。

1610 年，德国的著名科学家开普勒曾经就思考过这个问题。在他看来，这是宇宙大小有限的原因，当人们通过恒星之间的缺口看过去的时候，看到的是宇宙尽头的一堵围墙。举个例子，就像我们站在树林里，透过树枝之间的空隙可以看见阳光，但我们看到的只能是树林外面的世界。

对于这样的一个观点，德国的天文学家奥尔伯斯提出了新的看法：假如宇宙是无边无际的，天空中分布着很多的恒星，无论从哪个角度看都可以看见恒星的光。

奥尔伯斯经过周密的计算发现，即使把星体之间的距离加进去，那些恒星所散发出来的光芒也会十分明亮，就像是有数不清的太阳照射在地球的上空。

他的观点被许多人质疑，因为这和我们日常生活中所见的情景是不一样的，

❖ 开普勒

知识小链接

我们看到的天空是什么颜色呢？太阳的光进入地球大气后，长波色光（即波长较长的，红色、橙色光等）透过大气直到地上，短波色光（即波长较短的蓝色、紫色光等）被反射，所以看到的天空的颜色就是那些短波色光的颜色，它会随着尘埃等因素发生改变。

人们称之为谬论。但是，奥尔伯斯的说法是经过周密计算的，要推翻他的言论需要拿出证据来。

科学家们对于这个问题争论了很久，却始终找不到答案。在很长一段时间里，这个问题都困扰着人们，人们提出了很多的假说，但都不全面。

一开始有一种说法，就是那些光之所以没有照射到地球上，是因为星体和地球之间的尘埃等物质吸收了光。这固然是一种说法，而且奥尔伯斯也比较认同，但是如果是这样的原因，那些尘埃等吸收了那么多的热量，温度肯定会变得极高，因为高温也会发光，恰恰会证实奥尔伯斯的观点是正确的。

也有人试图用哈勃定律来解释：那些光在漫长的时间内流失了很多的能量，这样当它们到达地球的时候就变得比较微弱，所以我们肉眼看到的并不是那么强烈的光芒，而是闪烁着的点点星光。

还有一种比较独特的说法是美国科学家哈里森提出的。他认为：由于光的传播需要一定的时间，所以我们看不到恒星所发散出来的光。我们看到的是黑色的天空背景，极有可能是恒星形成之前的一段时间。

❖ 夜晚的景色

对于第三种说法人们也难以解释，因为这个说法牵扯的问题实在太多。关于夜晚的天空为什么是黑暗的，这个听上去很简单的问题似乎还要困扰我们很久。

■ Part1 第一章

有很多**宇宙**吗

我们对于宇宙已经探讨了很久，但是，那些言论等都是基于一个条件：只有一个宇宙。

是不是只有一个宇宙呢？在空间里难道有很多的宇宙存在？是否在不同的地方还有形式不同的宇宙存在？

关于宇宙有着很多的说法，比如说"大爆炸"学说等等，关于宇宙的起源，科学家们似乎已经认定他们知道了原因。他们认为，在100亿～150亿年前，有一个质量非常高、温度也特别高的奇点，正是因为它发生了大爆炸，才出现了现在的宇宙。但是宇宙模型是怎样的，宇宙多大，宇宙包含多少能量，这些问题大家似乎都可以猜测或探测一番。现在，有些人对于这个说法提出了质疑。

真的只有一个宇宙吗？

❖ 星球大爆炸

莫斯科的一位学者提出了一种说法，他认为宇宙其实是由很多的小宇宙组成的，这些小宇宙相互独立，甚至说，那些小宇宙与我们所处的宇宙是完全不同的。

这位学者曾经对《美国周刊》的记者发表言论说："我们不能单独认为我们所在的世界是唯一的，可能在我们的世界之外，有着全新的世界，

而在那里，可能有我们想象不到的生命形式存在。"

他的言论与以往的说法都不同，这确实引起了人们的重视。

一开始，"大爆炸"学说被人们所接受，因为它在很多反面解释得比较到位，但也确实有破绽。而1980年美国麻省技术工艺研究所的物理学家古思提出一个新理论，叫

❖ 宇宙大爆炸

"宇宙膨胀"理论，它基本上接受大爆炸创世的理论，也与宇宙在大爆炸后的10～30秒时间内诞生的理论一致。

古思认为：大爆炸后，宇宙空间开始膨胀，在漫长的膨胀期后，宇宙变成了现在的样子。也正是因为这场爆炸，使得宇宙中的物质发生了改变，使宇宙出现了各种差异。可以说，宇宙膨胀的理论解释了人们很多不解的地方，比如说为什么所有的星空都是如此相似，为什么宇宙在无限扩张的过程中还能如此完美的存在。

随着时间的过去，人们继续完善着膨胀理论。莫斯科的那位学者使得膨胀理论更加完善。他认为：膨胀一开始的时候并不是均匀的，各自的膨胀速度等都是不相同的，有的部分膨胀时产生了新的小宇宙，每个小宇宙也各有特色。而在漫长

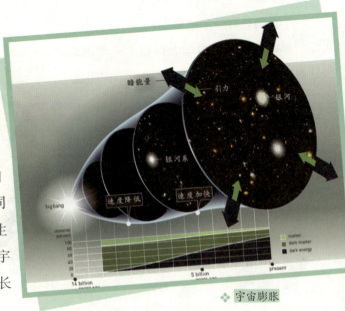

❖ 宇宙膨胀

的时间内，这些小宇宙一直在成长，像人们所说的宇宙那样，一直在慢慢地扩大。

这位学者把自己的理论称为"混沌"膨胀。

这位学者表示，即使是在现在，那些小宇宙也没有停下自己的脚步，它们在扩张，可能还在

❖ 宇宙大爆炸

继续分裂出新的小宇宙，而那些新的小宇宙出现之后也会慢慢地扩张，然后再继续分裂，像是细胞分裂一样。

最后的结论是："宇宙"——所有大大小小的宇宙的总和，是永恒的。

古斯和他的同事们一起研究宇宙中"微光区"发生的现象，发现它的特征和那位莫斯科的学者说法十分相似。

❖ 绚烂的宇宙

他们计算，就像是冒泡分裂或者是细胞分裂一样，宇宙中这样的情景还在继续发生。从外表看，膨胀中的空间就像是一个黑洞，一个空间十分大、密度十分高的黑洞，在它的周围没有任何的光和物质存可以脱离它的引力。当它开始膨胀时，它不会把东西挤出去，反而在一个什么都没有的地方创造出一个新的空间。也就是说，它从宇宙中分离出去组成了一个新的小宇宙，这样的说法在本质上和那位莫斯科的学者说法是不相悖的。

❖ 绚烂的宇宙

　　这种说法虽然听上去十分离奇，但是它从本质上解释了宇宙的多样性，只是还有很多问题没有解决。比如说宇宙中的重力强度为什么会这么大？为什么世界是一个四维空间？

　　科学家们推算说，自然界能够允许的维数多达 26 个，如果说"混沌"膨胀是正确的，那么宇宙中就确实存在着数量极多的小宇宙，在其他的小宇宙上有着和我们所居住的宇宙完全不同的特征等。

❖ 宇宙大爆炸

　　如果真的有那么多的小宇宙，它们会是什么样子的？它们是不是也有生命存在？那些生命会是什么样子的？这些问题还等着爱好天文的小朋友们去研究呢。

Part1 第一章

宇宙中的**五个小矮人**

说到小矮人，大家的脑海中第一时间闪现出来的应该是童话故事《白雪公主》的七个小矮人。你知道吗，在宇宙中也有这样的小矮人，它们的个头很小，但却十分美丽。

五个小矮人就是黄矮星、红矮星、白矮星、褐矮星和黑矮星。它们的体积比较小，而且它们的色彩和众多的天体也不一样。那么它们是同一时间出现的吗？它们各自有什么特色呢？

天文学家们把恒星的一生划分为 3 个阶段，分别是早型星、中型星和晚型星。处在中型星阶段的则是黄矮星和红矮星，太阳其实就是一颗黄矮星。

当恒星逐渐位于中型星阶段的时候，它的质量就决定了它的亮度，像亮度和温度都特别高的蓝巨星和蓝白巨星，它们的质量要超过太阳的 20 倍左右。而质量与太阳相仿的行星则成为亮度和温度都和太阳差不多的黄矮星，而质量少于太阳的行星就变成了温度和质量很低的红矮星。

黄矮星的寿命大概为 100 亿年，在它存在的时间内，它会透过内部的核聚变，产生化学反应，慢慢地消耗自己，当内部的氢快要耗完的时候，它就会开始膨胀，变身成为红巨星，开始燃烧氦。一旦把氦也燃烧完之后，它就会抛出外层的气体，这些气体成为了宇宙中的星云。

❖ 白矮星

神奇的宇宙奥秘

知识小链接

白矮星有很多的特征，它体积小，光度也很暗，是正常恒星平均的 10 的三次方分之一。另外，它的外表温度比较高，差不多可以达到 1000℃。

这个时候它的内核就会缩小，变成了一颗高密度的白矮星。

也就是说，白矮星是恒星最晚的一个阶段出现的，它是一种低光度、高密度、高温度的恒星，是一种十分特别的天体。举个例子来说，一颗质量和太阳相同的白矮星的体积却和地球差不多，由此可得它的密度十分高。

我们到现在为止发现的白矮星有 1000 多颗，而第一颗被我们发现的就是天狼星的伴星。其实在宇宙中白矮星的数量很多，大约有 3% 的恒星已经处于这个阶段，不过根据推测，白矮星的数量应该占全部恒星数量的 10% 左右。

白矮星再向后发展就是褐矮星，不过这个时候褐矮星并不能称之为恒星。它被称为是"失败的天体"。为什么呢？褐矮星的构成和恒星差不多，但是它的质量特别小，在恒星和行星之间，内部的核聚变无法发生。也就是说，褐矮星就是白矮星到了能量逐渐分散、温度变冷、光度变弱后的形态。

我们发现第一颗褐矮星是在 1995 年，在此之前，它还只是书中的理论呢。

黑矮星也是演变而来。它体积更小、密度更大，是由类似于太阳大小的白矮星发展而来。它已经不再发光发热，外表的温度慢慢降低，已经看不见了。

一颗恒星从形成到最后变成黑矮星要花费的时间实在太长，这个周期比宇宙的年龄还要长，所以说，宇宙中还没有任何的黑矮星。

❖ 红矮星

处于最晚阶段的白矮星、褐矮星和黑矮星给人一种惨兮兮的感觉，它们似乎正在走向灭亡。不过宇宙中的物质正是这样，经历开始和结束，就像人一样有生死，只不过它们的周期要比我们的生命长很多很多而已。

第二章
银河系的浪漫星座

　　天空中的星星美丽而神秘，犹如一颗颗镶嵌在黑色幕布中的钻石，散发着迷人的光芒。银河系中的星星彼此之间距离可能十分遥远，但是在我们的幻想中，它们是有关系的，我们想象着它们之间存在复杂的关系，将它们构成了一幅幅美丽而神秘的图像。

　　就这样，一个个美丽而神秘的星座诞生了。

爱美皇后的化身——仙后座

仙后座是一个比较容易识别的星座，它几乎可以与北极星相媲美，在夜空中，只要稍微分辨，你就可以看见它的踪影。

仙后座的形状是一个"W"，它的开口朝向北极星，十分容易识别。我们也可以这样看，把北斗七星的天极和北极星的连线向南延伸，长度与两者之间一样，就可以看到仙后座了。

关于仙后座，有一个流传很久的故事。相传，它是埃塞俄比亚国王克甫斯的王后卡西奥帕亚的化身。在古希腊的神话中，这位王后是一个十分爱美的女人，而且十分爱慕虚荣，经常在别人面前夸耀自己和女儿是这个世界上最美的人，甚至胜过海里的最美的仙女。

知识小链接

我国对于仙后座以及它旁边星星的最早记录是在明朝。在 1572 年，发生过一次剧烈的超新星爆发，那个时候仙后座旁边出现了一颗十分明亮的新星，它的明亮程度连白天都可以看得到，但是过了 3 个星期，这颗新星的光度就渐渐减弱了，并且在两年之后消失了踪影。

也正是因为她这样的大言不惭，激怒了海神，海神一怒之下派海怪来到了这个国家，让海水席卷了这里，为人民带来了很多的苦难。

为了让海神放下怒气，国王和王后不得不将自己的女儿送了出来，表示自己的忏悔之心。终于，海神被他们的诚意所感动，收回了海怪，并且将国王和王后升上天空成为了星座。

我们发现，仙后座的模样是一个 W，似乎是王后还在为当年的错误举高双手忏悔呢。

Part2 第二章

王族领袖——仙王座

它是皇族的统领，是大地王者的象征。在晚上的时候，我们可以看到它的影子，它就是王族星座之首——仙王座。

仙王座在秋天的夜空显得更加明亮，在这个时候，掌管着天空的有仙王、仙后和仙女等星座，构成了十分美丽的画面。

值得一提的是，仙王座是拱极星座之一。它在一年四季都看得到，在秋季尤为明显。关于仙王座的故事，和仙后座是一样的。

传说中，仙王座是埃塞俄比亚的国王克甫斯的化身。他有一个十分美丽的女儿，叫作安德罗墨达。他也有一位美丽的王后，只是这个王后平生爱美，吹嘘自己和女儿是世界上最美的人，惹怒了海神的妻子安菲特里忒。安菲特里忒因为王后的言论十分生气，要求自己的丈夫去为自己报仇，于是海神派出了海怪，在埃塞俄比亚的大陆上兴风作浪，将这片土地搅得天翻地覆。

国王十分生气，又无可奈何，只好想办法让海神息怒。神谕说只有把女儿献上去才能挽救国家的这场灾难，于是可怜的公主就被铁索绑在了海怪要经过的一块巨石上。

庆幸的是，公主并没有惨死，她被经过的一个大英雄珀尔修斯所救，珀尔修斯取出了蛇发魔女美杜莎的人头，将鲸鱼变成了石头，杀死海怪，救出了美丽的公主。

❖ 仙王座

❖ 色彩艳丽的宇宙星系

仰望星空，我们会发现仙王座位于天鹅座以北，在仙后座的西侧，而且它还紧挨着北极星，与北斗星遥遥相对。通过观察我们可以发现，仙王座中的 5 颗主要亮星组成一个"扇五边形"图案，十分美丽尊贵。

在仙王座中有很多的变星，最瞩目的就是仙王鼻尖处的造父一——它最亮的时候呈现白色，最暗的时候呈现出黄色。而且造父一的变光周期十分固定，是一颗十分典型的高光度的"脉动变星"。

❖ 仙王座

造父一的密度很小，它的直径比太阳要大 30 倍，但是它的密度却只有太阳的 6/10000。

Part2  第二章

残暴的象征——狮子座

狮子座的存在已经有数千年的历史，大家一致认为它名字的由来源自4000多年前的古埃及。每年太阳移到狮子座天区的时候，就会有很多的狮子在沙漠里聚集着乘凉喝水，狮子座就是这样被命名的。

狮子座位列12个黄道星座，在夏季的时候十分明显，可以用壮阔来形容。

狮子座的区域很广，而这片区域的分辨需要花费一点点的工夫。以牧夫座最亮星大角和室女座最亮星角宿一为顶点，向西作一个等边三角形，并且在第三个顶点会看见一颗二等亮星，它就是狮子座的 β 星，在它东边的一大片星，全部都属于狮子座。

关于狮子座也有着一个神话故事。传说宙斯和一名凡人有了私生子，名叫赫拉克勒斯，赫拉克勒斯有着非同一般的神力，这让天后赫拉十分妒忌，于是她就让麦锡尼国王指派赫拉克勒斯去做12件难如登天的事，目的就是让赫拉克勒斯经历痛苦和磨难。

这些任务中有一项是去杀死一只残暴的狮子，这只狮子的体型十分庞大，而且力大无比，皮毛厚得简直刀枪不入。赫拉克勒斯和狮子搏斗了很久，终于将这头残暴的狮子杀死，完成了任务。

天后赫拉感动这只狮子

狮子座

所做出的贡献，就将它丢到空中，变成了现在的狮子座。

狮子座流星雨十分有名，它数量很多，而且规模十分壮观。每年 11 月中旬的时候，尤其是 14 日和 15 日，狮子座中的一颗星附近会有大量的流星出现。而每 33 年出现一次大规模的流星雨。

公元 931 年，我国对于狮子座流星雨就已经有了记载。而关于流星雨的一次有名的记载是在公元 1833 年，它最盛期时，每小时有几万颗滑落，像烟花一样。传说有个农夫第二天晚上心急火燎地到外面观察，是不是全部的星星已经掉完了。

如此规模的狮子座流星雨已经不再常见了，到了 1866 年的时候规模还比较盛，不过到了 1899 年的时候就小了很多，而到了 1932 年和 1965 年的规模就更小了。

❖ 狮子座流星雨

Part2 第二章

缠绕在一起的星座——蛇夫座和巨蛇座

蛇夫座和巨蛇座所占的区域非常之广，在夏季的夜空中，很清晰就可以看见属于它们的大面积的区域。

关于两个星座，也有着远古的传说。蛇夫星座传说是古希腊神话中的神医奥菲尤库斯，他是太阳神阿波罗的儿子。有一天，他在研究新的草药的时候突然发现一条花斑蛇僵直地躺在地上，好像死了一样。

奥菲尤库斯靠近去看，发现这条蛇还没有死掉，它只是慢慢地把原来的皮蜕掉，换上了一层更加新鲜的、色彩鲜艳的皮。神医十分惊喜，对自己说："这不就是新生吗！"于是他十分高兴地将这条蛇捉了回去，养起来，并且像训练宠物一样训练这条蛇。

从那以后，古希腊人就把蛇当作智慧的象征。

奥菲尤库斯的医术十分高明，对人也十分友善，他治愈了很多的人，得到了人们的尊敬和热爱。但是死去的人少了，这让冥王很不满，因为冥界的人越来越少，显得十分荒凉。

于是，冥王把这件事告诉了宙斯，表达了自己对奥菲尤库斯的不满，说了很多并不符合事实的话。宙斯听完之后碍于兄弟情面，决定按照冥王的想法去做，于是他举起了雷

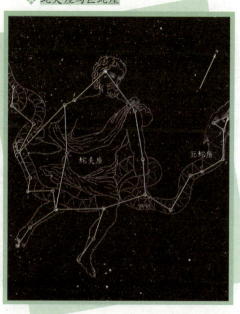
❖ 蛇夫座与巨蛇座

锤，杀死了善良的奥菲尤库斯。

奥菲尤库斯死后，他的父亲阿波罗十分不满，经常向宙斯申诉，要求给自己的儿子以天神之位。宙斯思前想后，觉得自己的做法确实很过分，出于后悔，他将神医奥菲尤库斯升上了天，并让他带上那条大花蛇，于是天上就有了蛇夫座和巨蛇座。

从地球上望去，蛇夫座的位置在武仙座以南，天蝎座和人马座以北。它是唯一一个跨越了天球赤道、银道和黄

❖ 蛇夫座星云复杂

道的星座，也是全天88个星座中唯一一个与另一星座——巨蛇座交接在一起的。蛇夫座呈长方形，并且又大又宽，被天球赤道斜穿而过。

而巨蛇座被蛇夫座分成为两部分，即蛇头座和蛇尾座，看上去就像是缠绕在蛇夫座的身上一样。巨蛇座由许多小星联结在一起，通过观察它们的位置我们不难发现，巨蛇座的蛇头在蛇夫座的西边，紧挨着牧夫座和北冕座；而它的蛇尾在蛇夫座的东面，沿银河向牛郎星伸展；中间部分则被像大钟似的蛇夫座底部所掩盖。

❖ 巨蛇座中的鹰状星云

在夏季晚上的时候，它们看上去会比较明显，银河系整体看上去会有一个凸出来的区域，这个部分就是蛇夫座和巨蛇座。蛇夫座最亮的星星和织女星、牛郎星构成了一个十分明显的大三角形，十分明显，很容易区分。

夏天耀眼的星座——天蝎座

喜不喜欢在夏天的晚上叫上几个伙伴出去乘凉玩游戏？有没有偶然间抬头看看明亮的星空？看到那最显眼的星座了吗？

那就是天蝎座，它是夏季的晚上最显眼的星座。关于天蝎座，有一个传说。有一个很厉害的猎人，他的技术很高明，总能猎到猎物，但是他也十分傲慢，说世界上没有动物能逃脱自己的手心。

猎人的话激怒了天庭的神，他们觉得猎人太过于自负，不应该再活在世上，于是天后赫拉派出了一只蝎子，趁猎人不备，蛰了猎人的脚。就这样，可怜的猎人毒发身亡了。

为了表彰蝎子，也为了表示对猎人的纪念，天后让它们升上了天空，分别称为天蝎座和猎户座。不过它们在天上也是敌对的，一个升上去的时候，另一个就会落下，分别位于天空的两边。

在夏天的晚上可以很快地分辨出天蝎座，晚上八九点的时候，如果看见南方有一颗明亮的星星出现在地平线，它就是天蝎座的一颗星，我们称之为 α

> **知识小链接**
>
> 在中国古代天文学中，天蝎座身体部位的三颗星称为商星，猎户座腰带处的三颗星称为参星。天蝎和猎户分别是夏天和冬天最显著的星座，刚好一升一落，永不相见，不可能同时出现在天空上，因此杜甫有诗曰："人生不相见，动如参与商。"

◆ 天蝎座

星。它是天蝎座的心脏，尽管属于天蝎座的明亮的星星还有很多，但都比不上它的光芒。

❖ 猎户座星云

天蝎座是黄道十二星座中最显著的星座，它的位置在天秤座和人马座之间。它的中心位置是赤经 16 时 40 分，赤纬 -36 度。夏季的时候天蝎座出现在南方天空，蝎尾指向东南。

天蝎座在夏天十分明亮，这样明亮又美丽的星座可以说是夏天夜空的代表。再加上它是黄道星座，所以更加引人注目，值得一提的是，天蝎座占据的范围在黄道星座中是最小的。

最明亮的 α 星在西方也被称为"天蝎之心"，从它向蝎尾延伸的部分都沉浸在茫茫的银河之中，十分壮观。

天蝎的尾部有疏散星团，叫作 M7，这个星团十分美丽，拥有很多蓝色的亮星，像聚集起来的蓝宝石一样，而且，最重要的是我们仅用肉眼就可以看到它的外貌。

❖ 猎户座星云

M7 和我们的距离很远，大概有 1000 光年，由 100 多颗恒星组成，它的恒星组成年龄大概是两亿年左右，大小约为 25 光年。

Part2 第二章

夜空中的飞翔者——天鹅座

夜晚的星空犹如镶嵌着无数明亮钻石的深蓝色棉布，一闪一闪的钻石让人魂牵梦萦。看看，那个飞翔的，是谁？

银河像是一条发光的河流流淌过整个星空，而在这河面上展翅翱翔的就是美丽而优雅的天鹅座。它张开双翅，在银河之上肆意遨游。

在古希腊的神话中，这只天鹅是宙斯的化身。宇宙的主宰宙斯花心却又十分怕自己的老婆赫拉。他发现人间有一位美丽的公主勒达，贪恋她的美色，但是又怕她拒绝，于是将自己变成一只优美的天鹅，去引诱纯洁的勒达公主。

公主并不知情，她正在小岛上玩，只见一只美丽的白天鹅从天而降，落入了她的怀抱里。公主对这只天鹅爱不释手，紧紧地拥抱着它，抚弄着它的羽毛，赞美它的美丽，不知不觉间睡着了。

等公主醒过来的时候，天鹅已经展开双翅，依依不舍地离开。令人震

❖ 天鹅座

❖ 天鹅座三重奏

惊的是，等公主回宫后不久就发现自己有了身孕，并生下了一对孪生子，也就是后来升为双子座的卡斯托尔和波吕丢克斯。公主的不幸命运并没有结束，她最后不得不遵从自己父王的命令嫁给了斯巴达国王廷达瑞俄斯为妻。

而厚颜无耻的宙斯为了纪念自己的这段经历，把自己曾经化身的天鹅升上了天空，变成了现在的天鹅座。

虽然这个故事让人气愤不已，不过天鹅座本身是无罪的，它呈现出一个十字架的模样，遨游在星河之上。

❖ 天鹅座和银河系

天鹅座的尾巴处有一个明亮的星星 α 星，呈现蓝白色，是一颗一等亮星。它与织女星和牛郎星构成了夏天的夜空十分显眼的"夏季大三角"。

α 星的光线十分明亮，比太阳还要厉害，超过太阳很多倍。

天鹅座在每年 9 月 25 日的晚上 8 点升上中天。可以说，天鹅座的名字和它的升降也是相符的，就像是天鹅飞翔一样，它会从东北方向侧着身子慢慢飞起，等升到最高处的时候，头就会向偏西，慢慢移到西北方向的时候，它就会变成头朝下尾朝上隐进地平线。

Part2 第二章

忠诚的代表——大犬座

狗，一直都是忠诚的代表，关于它们，有很多很多感人的故事。它们从很久以前就陪伴着人类，一直到现在。而天空中，也有属于它们的星座。

大犬座的形状就像是一条扑向兔子的大狗，它最明显的时候是在冬季，星座中的一颗主星天狼星是夜空中最亮的恒星。

在古希腊的神话中，大犬座是猎人奥利安特别喜欢的猎犬，每天陪伴着猎人，并且总能为猎人带来猎物。后来，奥利安不幸被自己的妻子误杀，忠诚的猎犬在知道奥利安死后十分悲伤，整天悲哀地吠叫，不吃不喝，最后饿死在主人的屋里。这件事被天神宙斯知道了，宙斯为嘉奖它的忠义，将这只猎犬升到天上化为大犬座。漫长的时间过去了，抬头看看，这只猎犬仍然追随着它的主人，在勇猛地捕捉那只小兔子。

知识小链接

大犬座，是全天88星座之一，位于南天，也是托勒密定义的48星座之一。据说它本来是猎人奥利安的一只猎狗。大犬座中的天狼星是夜空中最亮的星和冬季大三角的一个定点。

❖ 大犬座

❖ 大犬座的设计图

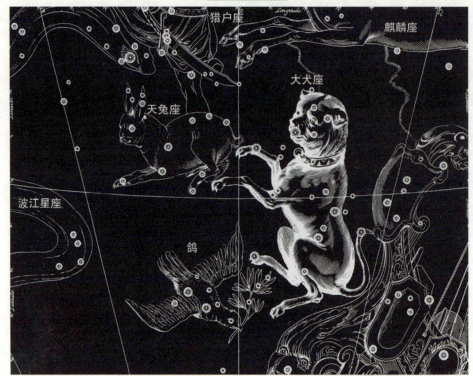

猎户座　Longitudo　麒麟座

大犬座

天兔座

波江星座

鸽

宙斯担心大犬在天空会寂寞，为它找了一只小狗做伴，它就是小犬座，位于大犬座的北面。

大犬座的主星是天狼星，它原本的意思是"烧焦"，希腊人也把夏日叫作"犬日"，这意味着炎炎夏日就要到来了。天狼星的位置在大犬座的鼻尖处，而在大犬的腹部也有一颗十分明亮的一等星，它的脚上有一颗大犬 β 星。

❖ 大犬座疏散星团

天狼星对于大犬座来说十分重要，正是因为有了它，所以大犬座变得很明显，我们也可以更快地识别出它。

关于大犬座还有一组数据，它的面积大概有 380 平方度，六等星有 122 颗，四等星有 18 颗，而主星天狼星距离我们有 8.6 光年。

Part2 第二章

代表正义和收获——仙女座

> 关于仙女座的含义和故事，可不是几句话就可以说完的，与其他的星座不同的是，它包含了两个截然不同的含义，这在众星座中可以说是独一无二的。

在古代的星图上，仙女座被画成是一位长着双翅的美丽女神，她一手握着麦穗，一手拿着镰刀，象征着丰收和收获。而另一种说法则是她主持着正义，她旁边有一座天平，能够称量人的善恶，并且给予人类奖罚。

仙女座的范围很广，在全天88个星座中，它的面积仅次于长蛇座，居第二。而且黄道和天赤道都会穿过仙女座，它在春季和夏季的时候都十分明显，散发着自己独特的光芒。

仙女座的面积大概为1294.43平方度，占全天面积的3.318%，而且在仙女座中，一共有58颗5.5等的恒星，这样的数量是十分庞大的。

仙女座中最亮的星星是仙女座α，它的视星等为0.98，每年的4月11日子夜，它就会升至中天。

要寻找仙女座并不是很难，沿着大熊座北斗七星勺把儿的弧线，可以看到牧夫座最

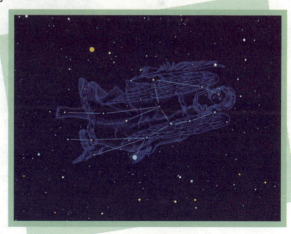

❖ 处女座

❖ 仙女座星系图

亮的一颗星星，继续连接差不多的距离，就可以看见一颗十分明亮的星星，它就是仙女座中最明亮的 α 星。

α 星是一颗蓝白色的星星，十分明亮，它是全天最亮的 20 颗恒星之一，它与其他的几个星星连接起来可以构成一个 Y 字形。而 α 和牧羊座的大角星、狮子座的 β 星组合起来就是十分有名的"春天大三角"，在春季的时候十分明显，高高地挂在天空。

仙女座所在的仙女座星系团也十分庞大，它的大小相当于 2500 个银河系那么大，它由一群星系组成，距离我们大概有数千万光年。

仙女座和地球的距离实在是太远了，所以我们现在看到的仙女座的样子其实是它几千万年前的样子，听起来是不是很不可思议？

还有一个消息让我们比较吃惊，就是仙女座现在正以每

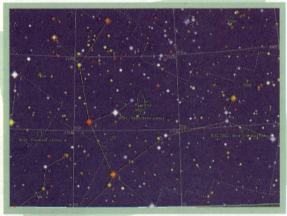

❖ 仙女座星系图

秒 1150 千米的速度远离地球，是什么原因导致这位女神要离我们而去？要弄清这个问题，看来还需要很长时间。

Part2 第二章

一位谦虚的英雄——武仙座

我们知道孔融让梨的故事，从小就在学习谦虚的美德。而在夜空中，也有着一个属于谦虚者的星座——武仙座。

武仙座是北天星座之一，在天龙座南边，天琴座和北冕座的中间，在夏季的天空，它会更加容易识别。

关于武仙座，有着一个十分美好的故事。在神话中，有一位大力士，名叫赫拉克勒斯，他十分勇猛，小的时候就能徒手杀死两条大蟒蛇，他是世界上最强壮的人，是人们眼中的大英雄。

赫拉克勒斯是宙斯和一位王妃所生的儿子，他有半个人类的血统，因为天生神力，所以躲过了天后赫拉和继母裘诺的多次毒害，得以顺利长大。但是长大后的赫拉克勒斯被迫去完成12件几乎不可能完成的事，这其中包括被人们称赞的杀死食人狮、消灭水蛇精等。

赫拉克勒斯凭借自己的力量和胆识完成了任务，击败了赫拉和继母的阴谋，但是他却没有逃脱自己的厄运。令人遗憾地死在了自己的爱人手中。

赫拉克勒斯的妻子是卡

❖ 武仙座

❖ 武仙座

吕冬的得伊阿涅拉，他们之前在途中被马人涅索斯拦住，企图抢走伊阿涅拉，但是被赫拉克勒斯杀死。马人在临死的时候告诉得伊阿涅拉，要想重新获得丈夫的爱情就要收集他的毒血。

而到了后来，伊阿涅拉担心自己被遗弃，就将抹上毒血的衬衣送给了自己的丈夫。就在这个时候，赫拉克勒斯感受到了巨大的痛苦，这让他难以忍受，所以投火自尽。

赫拉克勒斯死后，宙斯提升他升天，封为天上的神，成为了武仙座。

武仙座范围虽然较大，不过星座中的星都不是很亮，差不多全由三等星和四等星组成。1934年，人们惊喜地发现武仙座中出现了一次十分耀眼的新星爆发，期待着会有一颗长久的十分明亮的星星出现，不过那颗难得的一等星，现在已经变成暗星了。

我们在北半球上来看，这位大英雄是头朝下、脚朝上，呈现出倒置的样子，不过

❖ 武仙座星系团

在南半球看的话却是很自然的。这位盖世英雄即使到了天上也给人们以十分强大的样子。不过他没有摆出显赫的样子，变得十分谦虚，所以在我们的视野中，武仙座在天空中虽然面积很大，却并不显著。

■ Part2 第二章

牧人和山羊——御夫座

> 冬季的星空看上去更加明亮清澈，这个时候抬头观察，会比较容易找到御夫座的影子。

御夫座的位置也算比较容易识别，它在鹿豹座、英仙座、金牛座和双子座之间，它最亮的星星是 α 星，是全天的第六颗最亮的星，距离北极星最近。

在古希腊的神话中，牧人厄里克托尼奥斯是火神的儿子，他天生有残疾，是一个瘸子，但是他十分聪明。在与妖魔巨人的战斗中，他发明了四轮战车，发挥了十分重要的作用，为人们取得胜利作出了巨大的贡献。

主宰者宙斯为了襄奖这位聪明的英雄，就将他升到天空，成为了御夫座。

宙斯在小的时候曾被母山羊阿玛尔忒亚用乳汁喂养，为了表示自己的感恩，他将母山羊和它的两只小羊羔也升上了天空，交给牧人看养。

我们可以很清楚地分辨出它们的影子，御夫座中最亮的星星就是

❖ 御夫座

母山羊的化身，而旁边的两颗小星星当然就是那两只可爱的小羊羔了。

御夫座的星系也比较庞大，目视星等 6 等以上的星有 102 颗，其中亮于 4 等的星有 10 颗。

我们观察可以看出，御夫座的形状像是一个五边形，它由 5 颗最亮的星星构成，不过与人马座相反，它所在的位置在银河的边缘，也正是因为这个原因，御夫座旁边银河的星雾会显得比较薄一点。

❖ 御夫座

还记得哈雷彗星吗？还记得它的周期吗？它和御夫座流星雨的母彗星回归周期比起来不知道差了多少倍，母彗星的回归周期为 2500 年，上一次出现的时候是在 1911 年。

不过别担心御夫座附近没有流星雨，要知道，它的身边也有着很多的密集物质块，当我们的地球经过这些物质块的时候，它们就变成了御夫座流星雨。

❖ 御夫座所处位置

■ Part2 第二章

可怜的星座——小熊座

每本童话书里面都有一个值得同情的人物，他有一颗天真的心，却总有坏人来伤害他。而在天空之中，也有这样一个属于那些让我们同情的星座——小熊座。

关于小熊座有两个不同的故事，第一个传说是小熊座代表着抚养宙斯的一个女神。而第二个故事则很复杂，充满了悲情色彩。

❖ 小熊座流星雨

在第二个故事里面，小熊座代表的是宙斯的儿子阿卡。阿卡是宙斯和水中仙女的私生子，他的到来惹怒了天后赫拉，自然也受到了赫拉的诅咒。

赫拉先是把阿卡的妈妈变成了一只大熊，让她终日在森林里徘徊，却无法逃出去。很多年以后，小阿卡长大了，变得英俊而健壮，他成了一名十分优秀的猎手。

有一天，阿卡到一座森林里去打猎，他已经变成大熊的妈妈一下子就认出了他，然后张开双臂准备来拥抱他。阿卡吓了一跳，他并不知道那是他的妈妈，只以为是一头凶猛的大熊来攻击自己，于是拉起了弓箭准备射击。就在这千钧一发的时刻，阿卡的父亲——天神宙斯看见了，他急忙将阿卡变成了一只小熊，避免了悲剧的发生。

宙斯将这一对母子升上了天空，给了他们十分耀眼的神位，也就是大熊座和小熊座。

　　善妒的天后赫拉知道之后很不甘心，就私自选派了一名牧人和猎狗来追逐他们，让他们永不安宁，这就是天空中的牧夫座和猎犬座。

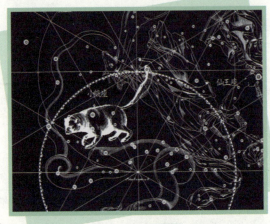

❖ 小熊座

　　尽管这样，赫拉还是难消心里的忌妒之火，她向自己的哥哥海神波塞冬哭诉，说自己的生活是多么难过，丈夫竟然去守卫别的女人和孩子。于是波塞冬便听信赫拉的话，不许阿卡和妈妈下海喝水，也正是因为这样，可怜的母子俩永远没有办法像别的星座那样东升西落，只能年复一年地挂在天上相依为命。

　　小熊座的位置在北半球高纬度地区的上空，和大熊座相互依偎着。我们可以看出，小熊座是距离北天极最近的星座，在春季的时候最适合观看，它也是著名的北极星和北天极所在的星座。

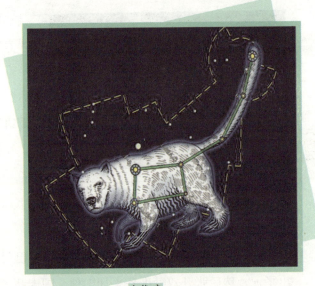

❖ 小熊座

　　作为北极星的归属，小熊座带了太多的悲剧色彩，不过还好，至少他和妈妈永远地依靠在一起，没有分离的时刻。

Part2 第二章

亲密的两兄弟——双子座

每个小孩子都希望自己有一个兄弟姐妹，这样的话成长的路就不会觉得孤单，一起成长，一起分享喜怒哀乐，长大后一起回想的时候肯定会欣慰地笑。天空中也有属于两兄弟的星座，它们就是双子座。

双子座的面积在 88 个星座中排名比较靠前，是第 30 位，大约有 513.76 平方度，占全天面积的 1.245%。

知识小链接

双子座和天王星有一点关系，那是在 1781 年，英国的一对兄妹在观察星空的时候在双子座的旁边第一次发现了天王星。

在双子座的所有星星中，有 47 颗亮于 5.5 等，最亮的一颗是双子座 β 星，它的亮度达到了 1.14。每年 1 月 5 日的时候 β 星就会经过中天，这个时候去看的话十分明显。

关于双子座也有着十分美丽的故事。在古希腊的故事里面，宙斯虽然是天神的主宰者，但却贪恋美色。他迷恋着斯巴达王妃勒达的美色，在她还是一位公主的时候化为一只天鹅靠近了她。不久之后，公主有了身孕，生下了一对双胞胎兄弟神之子波吕丢克斯和人之子卡斯托尔。他们两人十分勇敢，而且都善于冒险，总是能联手立下大功。他们两人有一对奸诈的双胞胎堂弟——伊达斯和林克斯。

相传有一天，四人一起去抓牛，合力抓了很多，正准备平分的时候，贪心的伊达斯和

❖ 双子座

林克斯起了歹心，想趁两兄弟不注意的时候把所有的牛全部都带回去。

正是因为这样，两对兄弟起了争执，最终伊达斯用箭将卡斯托尔刺死。亲兄弟死后，波吕丢克斯十分伤心，决定跟随自己的兄弟一起奔赴天国，但却因为拥有永远的生命而无法如愿。终于，宙斯被他所感动，为他们二人设立星座，分别住在天国和死亡之国。

❖ 双子座

人们对于星座总是寄托自己的深厚情感。希腊神话中，支配着双子座的神是马丘利，马丘利是守护商人和小偷的神，对于爱情也有着独特的高明之处，他和宙斯一样是个很花心的人，喜欢猎奇，喜欢花样多或者是经常改变的恋爱。

天空中的星座那么多，我们怎么样去寻找这对兄弟呢？双子座的西边是金牛座，东边是巨蟹座，北边是御夫座和天猫座，而南边则是麒麟座和小犬座。属于双子座的星星一般都不太明亮，但是有两颗十

❖ 双星团

分特别，它们很容易区别。尽管是这样，我们要看清楚它们还是有一点难度，在比较透彻的天空看的时候才能看见它们的位置。银河从双子座的西边缓缓经过。

Part2 第二章

大块头——金牛座

天上的星星有很多，将它们连起来可以组成不同的画面，也能为它们编造出很多美丽动人的故事。金牛座是个十分明显的星座，我们来看看关于它有什么样的故事。

相传金牛座是众神之王宙斯的化身。故事里面，宙斯觊觎腓尼基皇阿戈诺尔之女欧罗巴的美色，很想得到她。欧罗巴常与朋友在提尔的沙滩上嬉戏，宙斯知道后就让自己的儿子赫耳墨斯在附近的一个小丘上放牛，而自己就化身为一只牛混在牛群中，乘机靠近嬉戏中的欧罗巴。

欧罗巴看到牛群中有一只牛异常雪白，牛角又闪闪发光，十分漂亮，就被它吸引住了，好奇地过来一探究竟。宙斯看见她已经上当，就亲了一下她的手，并示意欧罗巴骑上去。美丽的少女果然中计，白牛一直载着她渡过海洋，狡猾地游到水较深的地方。这个时候少女只好紧紧地抱住身下的白牛，终于白牛在克里特岛上登陆并露出其真面目。

终于，宙斯深得欧罗巴的欢心，而欧罗巴也替宙斯诞下多个儿子，包括克里特岛皇弥诺斯。宙斯为了纪念此事，便将自己当年化身的白牛升上天空，变成了金牛座，还用欧罗巴的名字来命名他们相遇的大陆，也就是现在的欧洲。

◆ 金牛座

在星图中，我们会发现，白牛的下半身浸在水中，是看不到的，我们所看到的只有上半身。

金牛座的亮星以 V 字形排列，又可以被称为是金牛座 V 字，它和双子座、御夫座、小犬座、大犬座、猎户座中的 5 颗星星构成了冬季里十分明显的六边形。

金牛座中最为有名的天体就是"两星团加一星云"。我们可以寻找昴星团，就是沿着猎户座 γ 星和毕宿五，然后向着西北方向延伸一倍左右的距离，就可以看到昴星团。眼力好的人可以从昴星团中看到最为明亮的 7 颗恒星。这个昴星团距离我们大概有 417 光年，直径差不多可以达到 13 光年，如果我们用大型的望远镜观察，能发现这个星团中有 280 多颗恒星。

还有一个疏散星团也比较好确认，叫作毕星团，它就在毕宿五的附近，不过，它并不包含毕宿五。毕星团距离我们大概有 143 光年，可以说是宇宙中距离我们最近的星团，我们用肉眼看的话可以看到五六颗恒星，不过，这个星团所包含的恒星大概有 300 颗。

❖ 金牛座

■ Part2 第二章

最壮丽的标志——猎户座

我们一直在提到猎户座，它在大犬座和天蝎座的故事中都有出现，那么关于它又有什么样的故事呢？

猎户座是天空中全天最为壮丽的星座，而且也是赤道带星座之一。它所在的位置地球上的大部分地区都可以看得到，从天空上看，它位于双子座、麒麟座、大犬座、金牛座、天兔座、波江座与小犬座之间，北部则沉浸在银河之中。

猎户座是一个十分庞大的星座，主体由4颗十分明亮的星星组成，而在腰带的部分有3颗星星斜着排列，像是一把十分锋利的佩剑。猎户座给人的印象就是一个勇猛的猎人，昂首挺胸，给人们一种十分健壮勇敢的感觉。

在猎户的脚下还有两只狗，分别是忠诚的大犬座和小犬座。猎户座的亮星很多，其中最为明亮的是它腰部的巨大星云M42，位置就在3颗星所排列的腰带的南边。

❖ 猎户座星云

2010年3月，科学家们在天文台发现猎户座星云中存在着新的征兆，它让人感觉猎户座星云是银河系旁的一个恒星育婴室。

猎户座和埃及的金字塔也有着渊源。在胡夫的金字塔里面有两个通道，人们曾经认为这是通风的孔道，可以一直通到金字塔的外面。不过考古界认为，这不是什么通风系统，而是和天空的星座有

关。它们极有可能和天文、宗教等有关系。

科学家和考古学家们根据这一发现开始了研究，终于有了一些进展。4600 多年前，金字塔内的北通道刚好指向天龙 α 星，而那个时候天龙 α 星正好就在现在北极星的位置，群星都在围绕着它运转。

在埃及的文化中，人们都信奉太阳神，所以胡夫和其他的法老可能是想在死后借助太阳的力量得到永生，与天地同寿，像星星的中心一样得到群星环绕，成为世界的中心。

而金字塔内的南通道通向的则是猎户座腰带部分三颗星之一。这是因为在埃及的文化中，猎户座代表主宰生死及轮回转世的天神奥西利斯，而面对它，也就意味着法老在死后化为了神，和奥西里斯一起掌管着人间的节气等等。

❖ 猎户座星云

而在埃及的金字塔中，最大的 3 座都有通道通向腰带中三星，而且位置十分精确，并且还体现了那 3 颗星星的光度。最神奇的是，如果把大金字塔对准猎户座腰带处的 3 颗星星，那么第四王朝的 7 座金字塔则分别对应猎户座的另外 5 颗星位置。

听上去是不是很神奇？还有更为神奇的呢！天上的银河位置刚好对应着埃及尼罗河的位置，而猎户座和地面上的金字塔则分别呼应着。银河与尼罗河也以地平线为轴对称分布。

猎户座也有流星雨。它的位置在猎户座中 ζ 星和 α 星的连线向北延长一倍处。一般出现在每年的 10 月 17 日到 10 月 25 日，最为繁盛的时间是在 10 月 21 日。

最奇异的星座——鲸鱼座

鲸鱼是海洋里体积最为庞大的动物，一顿饭可以吃掉好多的小鱼，在天空中也有着一座面积很大的星座，就是以鲸鱼的名字命名的。

鲸鱼座是赤道带的星座之一。它的具体位置是在白羊座和双鱼座的南面，波江座与宝瓶座之间，横跨了赤道的南北。我们怎么样才能在茫茫夜空看到它呢？先找到有名的飞马座四边形，然后沿着这个四边形东面的一边向南一直延伸两倍的距离左右，就可以看到 1 颗比较明亮的星星，它就是鲸鱼座的尾巴。

找到了鲸鱼的尾巴之后，我们就沿着这颗星星向东走，会看到 1 颗三等星，它所在的位置就是鲸鱼的鼻子，这颗三等星和它附近的 4 颗星一起组成了 1 个五边形，这个五边形就是鲸鱼的脑袋。

是不是觉得鲸鱼座面积很大呢？它确实包含着很多的星星。而它的星星也各有特色。鲸鱼座 O 星就是一颗十分重要的变星，它的变化范围从二等到十等，周期为 11 个月，经过勘察，它的体积约是太阳的 300 倍。神奇的是，鲸鱼座 O 星的亮度受到周期胀缩而有明显的改变，也正是因为它这样的特色，所以它也被称为是"奇异之星"。

而且，鲸鱼座 O 星是 1596 年第

❖ 鲸鱼座

一颗确认的变星，是长周期变星的原型，这种类型的星星并不是只有 1 颗，在鲸鱼座中有最大的一群变星。1596 年第一次发现鲸鱼座 O 星后不久它就销声匿迹了，它先是在两个月内变暗，几个月后就完全消失了。不过过了 60 年，我们再次看到了它的影子。也正是因为这样一段历史，所以天文学家们才搞清楚它的性质。

❖ 鲸鱼座

鲸鱼座中还有 1 颗 T 星，它的亮度为 3.5，是距离地球最近的 20 颗恒星之一，和我们的距离大概有 11.9 光年，而且，它的温度和亮度和太阳都差不多。

鲸鱼座的面积很广，是全天 88 个星座之中的第四大星座，它最亮的一颗星星就是 β 星，它的位置是延长仙女座 α 星和飞马座 γ 星向南到两倍远的地方，也正是因为附近没有更明亮的星星了，所以显得它更加突出。

不过遗憾的是，虽然鲸鱼座的面积很大，星星也很多，不过特别明亮的就只有 1 颗，和鲸鱼这个庞然大物还真是不太相符呢。

我们一直在研究宇宙内是否还有新的生命存在，而对于鲸鱼座的研究着实打击了我们。因为根据科学家们和天文学家们的研究，在鲸鱼座的天体中不太可能有生命形成。尽管它的形态和太阳十分相似，很有可能孕育着生命，不过它周围的小天体实在是太多，对生命的形成是个十分大的影响。

❖ 鲸鱼座星云

Part2 第二章

天空中的**指南针**——北斗七星

在荒野或者是森林迷路的人，可以根据天上的星辰分辨出南北，从而找到回去的路，而天上这样的指南针除了北极星以外，还有一个，就是北斗七星！

顾名思义，北斗七星是由 7 颗星星组成的，它们呈现出一个勺子的形状，每夜都在按照一定的规律在运动，长长的斗柄绕着北方的天空移动，在一夜之间就可以转半个圈子，而另外的半个圈子就会在白天完成。

北斗七星的作用可大啦，它可以为我们指出时间，也可以指出季节。举个例子，它就像是时钟的指针一样，给我们指引着时间和方向。它的运动十分有规律，长柄每年都会绕着东、南、西、北转一圈，人们也正是根据它这样的运动，把一年分为了 24 节令，并且在罗盘上标出了 24 山的空间指标。在它的勺把儿上，最外面的两颗星组成了一条直线，沿着这个直线走 5 倍的地方，就可以看见一颗十分明显的星星，它就是十分有名

知识小链接

关于魁星有一个古老的故事。在古时候，有一个人长得十分丑陋，皇帝在面试他的时候十分不悦，但是当考试题目提出的时候，那个人可以对答如流，表现出了自己的才能和智慧，让皇帝刮目相看，当时就钦定这个人做了状元。

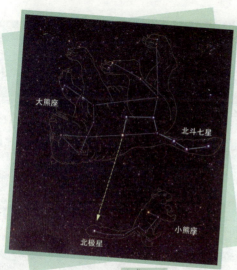
◆ 北斗七星

的北极星！

　　古时候，人们在航海或者是在森林中迷路的时候只要找到北斗七星，就能找到北极星，不仅能知道方向，还能确定大概的时间。

　　我们之前谈到了大熊座，其实北斗七星和大熊座也是有一定关系的。它的位置在大熊座的尾巴上，有 5 颗二等星，还有 2 颗三等星，它们的名字也很优美，从斗口到斗柄的名字依次是天枢、天璇、天玑、天权、玉衡、开阳和摇光。而现在国际上给它们的命名是大熊座 α、β、γ、δ、ε、ζ 和 η。

　　我国古代对于星辰有着很多的研究，并且寄托了人们的期望。在北斗七星中有一颗星星十分有名，它就是象征着功名利禄的"魁星"。

　　这个名字听上去是不是很文雅？感觉它是不是很正义很儒雅？其实现实和想象相反，魁星是魔鬼的造型。

❖ 北斗七星

❖ 璀璨星空

第三章
我们的家园太阳系

我们生活在地球上，白天可以看见太阳和天空，夜晚可以看见星星和月亮。亲爱的读者朋友们，不要以为只要有了地球我们就可以生存了，是因为太阳系给了我们适宜的条件，才使得我们可以生存下来。

关于我们的地球所在的大家庭——太阳系都有哪些故事和知识呢？让我们一起去看看吧。

Part3 第三章

太阳系的家长——太阳

晴天时我们都能看到太阳，那个散发着强烈的光和热的大火球给了我们温暖，不过，你对它了解多少呢？

太阳系就像是一个大家族，太阳就是这个家族的族长。它散发着无尽的光和热，这才使地球这个蔚蓝的星球能孕育生命，我们才能拥有现在这样一个精彩纷呈的世界。

因为有太阳，我们才能生存繁衍，所以人们为了表达对太阳母亲的敬意，演绎出了一个又一个的生动故事。

在我国，布依族的孩子们都听过这样一个传说，这个传说诠释了我们对于太阳的尊敬和喜爱：在很久以前，天上有 12 个太阳，它们不分昼夜地喷吐烈焰，使大地上的生物无法生存。人类为了存活下去，只好躲在岩洞里过日子。最后，这种苦难的日子被一对年轻的男女结束了。

故事中的主角是一对兄妹，他们擅长运用弓箭。为了解救乡亲，聪明的妹妹想出一个很妙的办法：她把一块白布剪成一个很大的圆形，然后在上面涂上一层金粉，放在了一座高高的山顶上。

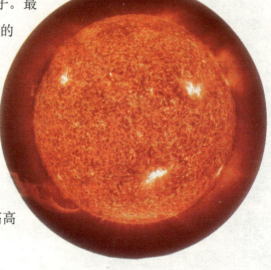
❖ 太阳

在 12 个太阳的照耀下，那块刷了金粉的布光芒四射，金光反射到天上，这让太阳们大吃一惊，还以为自己的兄弟掉到了地上。

可爱的太阳们带着疑问一个跟着一个来到了地球，趁这千载难逢的机会，兄妹急忙取下弓，连发 10 支神箭，把奔赴而来的 10 个太阳射落了下来。

剩余的两个太阳被眼前的情景吓到了，惊慌失措地逃回了天上。两个逃亡者一个躲进了云层里，另一个跑得慌慌张张，不慎掉进了天河，被河水一冲，它再也不能发光了，升到天空变成了月亮。

❖ 太阳系

这些都是美丽的传说，是古人为了解释天体现象而编造出的故事，听上去十分梦幻。实际上，太阳离我们的距离十分遥远，再厉害的弓箭也是无法射到太阳的！所以大家不用担心还会有人把太阳射下来。

每天早晨，我们都会迎来新的一天，沐浴在阳光之中会让我们觉得生命是如此精彩。不过你有没有想过，太阳的阳光要走 8 分 20 秒才能来到我们地球呢！我们大家都知道光速是每秒 30 万千米，这样一算的话，应该就看得出太阳和我们的距离十分遥远了吧。

知识小链接

太阳系位于银道面之北的猎户座旋臂上，距离银河系中心约 30,000 光年，这可不是一个小距离，不过相比较的话，它离银道面以北比较近，大约为 26 光年。

地球上有海洋、陆地和各种各样的物质，那么，我们的族长太阳的身体里都有什么物质呢？

其实，组成太阳的物质大多都是些普通的气体，听上去是不是有些不可思议？没错，这个发光发热的庞大恒星其实就是一个大气球——其中氢约占 71%，氦约占 27%，其他元素占 2%。

我们看到的太阳，都是它的表面，是太阳大气的最外层，它的温度约为6000℃，就是它让我们无法直接看见太阳的内部结构。

现在我们来深入地了解一下这位族长，太阳由中心向外可以分成核反应区、辐射区和对流区，最外层是太阳大气。太阳的大气层和我们地球的大气层是一样的，也分成了好几个圈层，从内向外分为光球、色球和日冕三层。

作为太阳系的大族长，它的质量是最大的，整个太阳系质量的99.86%都集中在太阳上，所以在万有引力的作用下，太阳系的八大行星和众多的小行星、流星、彗星、外海王星天体以及星际尘埃等，都在围绕着太阳这个大族长不停地运转。

太阳看上去是天空中最大最亮的天体，它非常巨大，它为我们提供光和热令我们温暖。但是大族长在整个宇宙中是一颗非常普通的恒星，在浩瀚的宇宙里，它的亮度、大小和物质密度都处于中等水平。因为它是离我们最近的恒星，所以我们才会觉得它是最大最热的。不过也正是因为别的恒星距离我们太远，所以我们看它们的时候只是看到很多的明亮的闪光点。

❖ 太阳系的组成

就像是地球有自转和公转一样，太阳也有这样的运动。一方面，它绕着银河系的银心以每秒250千米的速度旋转，另一方面，它又相对于周围恒星以每秒19.7千米的速度朝着织女星方向运动。

可以说，太阳是宇宙中最重要的天体。它为我们带来了生存下去所需要的光、热和可供我们消耗的能源。如果没有了太阳，地球上也就不可能有那么多的生命，自然就不会繁衍出人类。

太阳和地球一样是我们伟大的母亲，它带给了我们光明和温暖，也带给我们日夜和季节的变换。

太阳为什么会发光发热

> 耀眼的太阳每天东升西落，周而复始，但是它为什么能散发出来那么强烈的光和热呢？它们是如何产生的呢？

地球是一颗行星，也是一个坚硬的球体；而太阳是一颗巨大的恒星，是一个炽热的气体大火球；你可能不知道，太阳的表面温度有 6000 摄氏度，而它的核心则更是高达 1500 万摄氏度。在这样的高温下，是没有生命可以存活的。

太阳为什么会发出如此强烈的光和热，在以前科学界有种种的猜测，有的科学家设想：太阳是个熊熊燃烧的大煤球。

但是在仔细计算之下就会发现其中是有问题的，虽然说太阳比地球大 130 万倍，但就算这样一个"大煤球"一直燃烧下去，也只能够燃烧三千多年。而从历史的角度看，仅仅人类的历史已经有上万年了，所以太阳的"年龄"怎么可能比人类的历史还短呢？

还有一个问题，如果太阳是个大煤球，那它肯定会越烧越小，散发出的光和热也会逐步递减。但实际上，我们经过几百年的观测发现，太阳的光和热在亮度和热量上并没有什么变化，这和理论上的说法是相悖的。所以，"太阳

❖ 太阳

是个燃烧的大煤球"的想法，是错误的。

也有人猜想：是因为太阳的体积正在不断收缩，所以它才不断散发出光和热的。

最终，这个问题在 20 世纪随着原子物理的发展，才得到了完美的解决。

事情是这样的，原子物理学先驱、著名的科学家爱因斯坦经过研究发现了物体质量与能量之间的关系：只要有一点点的质量转化成为能

❖ 太阳

量，那么他将产生的数值就是十分巨大的。比如 1 克的物质所能转化的能量相当于 1 万吨煤全部燃烧所放出的热量。

虽然说物理学给人们研究太阳打开了一扇崭新的窗户，但是事实究竟是怎么样的人们依然不是很清楚。经过观测实验，在最后人们终于证实了这个说法是对的。

在太阳的中心是热核反应区，它的体积很小，只占整个太阳半径 1/4 的区域，令人吃惊的是，它的质量上竟然占到了整个太阳质量的一半以上！这表明太阳中心区的物质密度非常高，具体数值为每立方厘米 160 克，这是水密度的 160 倍。

质量越大，表示自身的重力越强，在强大重力吸引下，太阳中心区一直处于高密度、高温和高压的状态，这就是太阳巨大能量的发祥地。

因为在太阳中心不断发生的热核聚变，所以太阳才会一直发出强烈的光和热。

说到了这里，热核聚变是怎么发生的呢？这就要从太阳的组成和环境说

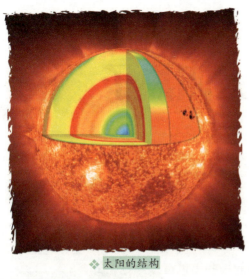

❖ 太阳的结构

起了。太阳是个大气球，其中氢气占了太阳总质量的 70% 以上。在太阳内部"三高"的条件下，氢原子会发生"热核反应"——即由 4 个氢原子核合成为 1 个氦原子核。太阳内部的化学反应肯定是巨大的，所以我们能想象到这种反应的规模，经过计算，每秒钟太阳里都大约有 600 万吨的氢聚变成为氦。你能想象这是一个怎样庞大的规模吗？

而在这一转化过程中，一部分氢的质量转化为能量，放出大量的光和热。这就是它发光发热的原因！

还有一种更加形象的说法，在太阳的内部不断发生了氢弹的爆炸，这个爆炸为整个太阳系提供能量。

❖ 太阳

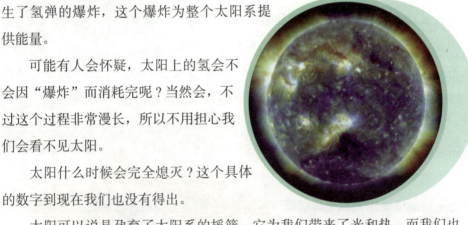

可能有人会怀疑，太阳上的氢会不会因"爆炸"而消耗完呢？当然会，不过这个过程非常漫长，所以不用担心我们会看不见太阳。

太阳什么时候会完全熄灭？这个具体的数字到现在我们也没有得出。

太阳可以说是孕育了太阳系的摇篮，它为我们带来了光和热，而我们也采用更科学的方法充足地利用它。你在家里见过太阳能热水器和太阳能电池板吗？那就是使用太阳能为我们服务的设备。

■ Part3 第三章

什么是**太阳黑子**

你可知道，天空中的太阳，并不是你眼中单纯的火红色，它还有着鲜为人知的一面。

太阳黑子实际上就是太阳表面的一些黑色斑点。我们一般不会直视太阳，因为太阳光很强烈，直视它的话会灼伤我们的眼睛。也正是因为这样，我们一般不会注意到火红太阳的表面实际上是存在着斑点。

发现太阳黑子的人是伽利略，在公元 1610 年他用望远镜在黄昏的雾霭中观察到了太阳黑子，并且肯定它们是太阳表面的一部分。但是受当时的观测条件和仪器落后的限制，他这一学说遭到了强烈的反对。

真理往往掌握在少数人手中，在几十年后，随着科学的发展，人们最终还是承认了太阳黑子的存在。

太阳黑子并不是黑色的，因为它的温度要比太阳光球层低 1000~2000℃，所以在相互的对比之下，在更明亮的光球层衬托之下，它就显得很加黑暗一点。

做一个太阳的模型，你

知识小链接

太阳黑子的活动至少已经持续了数亿年，经过对前寒武纪年融冰层沉积的岩石的探测，科学家们发现它在厚度上不断重复的峰值，大约有着 11 年的间隔。说明太阳黑子出现的频率为 11 年。

❖ 螺旋状的太阳黑子

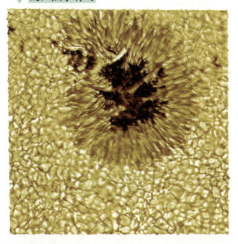

❖ 太阳黑子特写

就会发现在太阳的光球层上，有一些漩涡状的气流。这些气流外表上很像一个浅盘，中间下凹，看起来是黑色的，它们就是太阳黑子，而且它们喜欢聚居在一起，所以黑色阴影更加明显。

太阳黑子是什么呢？气体是可以相互融合的，那为什么太阳黑子没有与光球层的气体融合在一起，反而单独存在呢？

有的科学家推测，太阳黑子是太阳产生的核废料，因为太阳黑子的温度较低，就类似于煤炉中的炭灰一样。

也有些科学家不同意持反对意见。他们认为，由于太阳核聚变作用，热核反应区周边的物质需要向中心补充，这个过程中形成了太阳黑子。

太阳黑子有一个活动周期，一般为 11.2 年。天文学家把黑子最少的年份为一个周期的开始年，称作"太阳活动宁静年"，而活动最为频繁、数量最多的年份称作"活动峰年"。

太阳黑子的活动对于科学家来说是激动人心的，但对于普通百姓来说就有点悲剧了。在太阳黑子活动的高峰时，受磁场等方面影响，心肌梗塞的病人数量会急剧增加，大自然中的致病菌的毒性也会增加，所以对人类健康来说是一个灾难。

❖ 望远镜捕捉到比地球还大的太阳黑子

Part3 第三章

谁"吃"了太阳

在人们眼中太阳是光和热的代表，而当你看见高高挂在天空中的太阳变成黑色的时候，你知道发生了什么吗？

古时候的人们不理解这种现象，于是产生了"天狗吃太阳"的故事。其实，天狗食日是古代人对未知现象的一种解释，不具有科学性，但反映了古代先民对宇宙现象的探索。当日食发生时，天空会变成一片漆黑，人们因对日食不了解而对它充满了恐惧。

知识小链接

1919 年，爱因斯坦广义相对论的正确性就是通过日全食证实出来的。其实，关于天文界很多的猜想都能或只能用日全食来推测观察。

现在我们知道日食其实就是太阳、地球、月球处于同一条直线时，月球挡住了太阳的光线，于是就产生了日食。

日食发生的条件还是挺苛刻的，不是说在一条直线上就会发生，他要满足两个条件：第一，日食总是发生在农历的每月初一。第二，太阳和月亮都移到白道和黄道的交点附近，太阳要离交点处有一定的角度，就是日食限。

其中的白道就是月球绕地球公转的轨道平面与天球相交的大圆；黄道就是地球绕太阳公转轨道平面与天球相交的大圆。这两

❖日全食

❖ 日食全过程

个圆不在一个平面，并且有一个 5°9′ 的夹角。

日食分 3 类：日全食、日环食、日偏食。

日全食是非常少见的，因为月亮的体积和地球、太阳相比实在是太小了，它所形成的本影也比较小，所以日全食时间很短，看到的地区也是很有限的。

我国在最近也发生过一次日全食，2009 年 7 月 22 日，这一次日全食持续了几分钟，而这几分钟就被无数的天文爱好者记录在了相片里。

日环食发生时太阳的中心部分黑暗，边缘仍然明亮，形成光环。这是因为月球在太阳和地球之间，但是距离地球较远，不能完全遮住太阳而形成的。发生日环食时，物体的投影有时会交错重叠。2012 年 5 月 21 日，日环食现象现身天际，本次日环食，在我国境内可以观察到的时间最长达 4 分 33 秒。2013 年 11 月 3 日，全球多地出现日全环食，据称此次日全环食系本世纪第二次日全环食。

日偏食是月球处于地球和太阳之

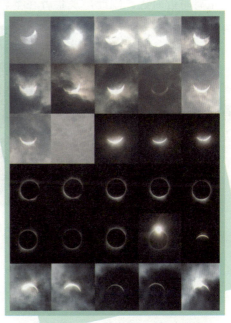

❖ 日全食过程

❖ 日全食结束的瞬间

间在地球上形成影的现象。月球的影可以分为本影、半影和伪本影 3 部分。月球绕地球的轨道和地球绕太阳的轨道都不是正圆，所以日、月同地球之间的距离时近时远。因此，观察者在半影内则见到太阳部分被月球遮住，称为日偏食。

你知道吗？日全食并不是一次仅供观赏的天文现象，随着科学的不断发展，它可以给人们以更多的启示。

❖ 日偏食

Part3 第三章

什么是**太阳风**

> 宇宙中也会起风，你相信吗？确实有的，不过这个风是由粒子组成的风，俗称太阳风。

太阳风直接作用在地球上，它对地球的自转速度等有影响，并且会引发地球的"磁暴"现象。

磁暴现象对地球有巨大的影响，甚至会给人们一种世界末日的感觉。

1959 年的 7 月 15 日，天文学家突然观测到了太阳喷发出的一股巨大火焰。6 天以后的 7 月 21 日，一股来自太阳的"暴风"吹袭到了地球近空。这股风就是太阳风，它竟然迫使地球的自转速度减慢了 0.85 毫秒，随之而来的就是世界各地爆发了地震。

就在同时，地球的地磁场也发生了激烈的扰动，环球通讯突然中断，大批依靠指南针和无线电导航的飞机、船舶失去方向指引，人们都以为是世界末日来临了。

经过科学家们的调查，人们终于知道这一切的源头就是那股太阳发出的巨

知识小链接

2010 年 8 月 4 日晚，受太阳风影响，英国出现壮观的极光现象；位于同一纬度的丹麦和美国北部密歇根州也出现了壮观的极光现象；8 月 1 日，太阳表面出现太阳风暴，数吨等离子体抛入行星际空间，当这些等离子体抵达地球大气，便产生绚丽的极光。

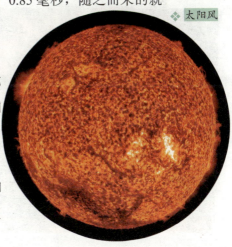

❖ 太阳风

神
奇
的
宇
宙
奥
秘

大火焰——太阳风。

什么是太阳风呢？我们知道，地球是由各种
分子组成的，而太阳风则是从太阳外层大
气射出来的超声速带电的粒子流。这种
带电粒子流也被人称作"恒星风"。

太阳风

太阳风的发源地是太阳大气中
的色球层。它不断向外抛射出包括氢
离子和氦粒子在内的的粒子流。太阳
风不是偶尔爆发，而是连续存在的。组
成太阳风的带电粒子离开太阳以后，会以每
秒 200～800 千米的速度射向宇宙。

太阳风的活动分成两种：一种是持续不断地辐射出来，速度和数量都不
大，被称为"持续太阳风"；而另一种是在太阳剧烈活动时辐射出来，速度
较大，粒子含量也是很多，被称为"扰动太阳风"。

两种太阳风差距很大。前一种是比较平和，而后一种将会对地球产生巨
大的影响，当它抵达地球时，往往能引起剧烈的磁暴和极光现象，同时扰乱
电离层。

太阳风中粒子的密度非常低，比地球上的风低了好多。根据科学的测量，

太阳风

地球周围的星际空间中，
每立方厘米太阳风只有几
个到几十个粒子；而地球
上的风密度每立方厘米则
高达 2687 亿个分子。

太阳风和地球上的风
差距这么大，那么太阳风
为什么还会有如此巨大的
破坏力？这是因为太阳风
的速度实在是太快了！地

球上 12 级台风最快也就是每秒 32.5 米左右，而太阳风每秒的平均速度为 350 ～ 450 千米，最猛烈时甚至能达到每秒 800 千米！

❖ 太阳风

太阳风如此可怕，当它到来的时候，我们又要做些什么呢？实际上我们不用为此而担心，因为它根本就吹不到地球上来，地球的强大保护伞——地磁场会把太阳风阻挡在地球之外，就算偶尔进来的太阳风也不会对我们的生活造成毁灭性的影响。

太阳风是人类 20 世纪空间探测的最重要发现之一，对太阳风的起源和加速原理还没有得出准确的结论。这些都需要未来的小科学家们找出答案。

❖ 极光

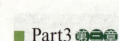

■ Part3 第三章

地球——**生命**的摇篮

地球是所有生物的母亲，它是生命的摇篮。可是，你对它又了解多少呢？现在就让我们来简要介绍一下这位伟大的母亲。

在外太空看地球是一个蔚蓝的星球，周而复始地围绕着太阳运转。这是一颗神奇的星球：大气层是她的外表，江河湖海是她的血液，森林和草地调节着她的呼吸，高山峻岭挑起了她的脊梁……

地球是太阳系的一颗行星，形成时间大约在 44 亿年之前，虽然在人类看来无比漫长，但在众多行星中它还是比较年轻的。

地球有一颗天然的卫星——月亮，月球围绕着地球每 30 天为一个运动周期旋转着。地球则围着太阳以 1 年为一个运动周期运转。而地球自己也要以 24 小时为一个周期自转着。于是，地球上出现了白天和黑夜，出现了春夏秋冬。

地球的体积约为 10,832 亿立方千米，质量约为 6×10^{22} 吨，地球的表面积约为 5.1 亿平方公里，其中的海洋面积 3.61 亿平方公里。

因为海洋占去了地球大部分的表面积区域，所以地球又被称作水球，当从外太空看地球，你会发现地球是一颗蔚蓝的星球。

海洋对自然界，对人类文明社会的进

❖ 地球

生命诞生于地球诞生后的 10 亿年内。地球的生物圈改变了大气层和其他环境，使需要氧气的生物得以诞生，也使臭氧层形成。臭氧层与地球的磁场一起阻挡了来自宇宙的有害射线，保护了陆地上的生物。

步有着巨大的影响，人类社会发展的历史进程一直与海洋息息相关。可以说人类的文明与进步直接受益于海洋。

海洋是生命的摇篮，它为生命的诞生进化与繁衍提供了条件；海洋是风雨的故乡，它在控制和调节全球气候方面发挥有重要的作用；海洋是资源的源泉，它为人们提供了丰富的食物和无穷尽的资源；海洋是交通的要道，它为人类从事海上交通，提供了经济便捷的运输途径；海洋是现代高科技研究与开发的基地，它为人们探索自然奥秘，发展高科技产业提供了空间。

在人类进入 21 世纪后，海洋作为地球上的一个特殊空间，无论是它的物质资源价值，或是政治经济价值，都远远超出人们原有的认识。人们对海洋的需求不再只是渔人之利和舟楫之便了。科学技术的高速发展，使人类有条件以进军姿态走向海洋。 然而，谁也不可否认，20 世纪全球环境的恶化，经济的畸形发展，使能源、粮食和水危机的阴影笼罩在人们的头上。陆地已不堪重负，而海洋有可能是人类第二个生存空间。 但是不要忘了，我们只有一个地球，地球上只有一捧海水。

◆地球

洁净明亮的海水，对于我们人类，对于地球上所有的生灵是多么的重要呀！ 让我们记住一位哲人曾经说过的话：海洋养育了我们，我们要感谢海洋。作为生命摇篮中的人类，我们光滑的皮肤，我们血管里的血，我们体内循环的水，都是海洋的所有，我们只是海洋的一分子。

Part3 第三章

怪星福博斯

自古以来我们就知道日月星辰东升西落，可是有谁见过西升东落的怪星呢？是的，有一颗叫"福博斯"的星就是这样的怪星。

福博斯是火星的两颗卫星之一，它在距离火星 9400 千米处绕火星运转，火星的公转和自转方向是自西向东，福博斯和火星的方向一致。在太阳系中，只有这颗是西升东落的怪星，如果在火星上看福博斯，就可以欣赏到它西升东落的奇观。

发现火星这颗卫星时，曾有过一段有趣的故事。伽利略第一个用望远镜发现了木星的 4 颗卫星，这之后许多天文学家们就开始探究其他行星的卫星。当时最先设想火星有卫星的是著名天文学家开普勒，它的推理过程运用了当时十分流行的数字学：地球有 1 颗卫星，木星有 4 颗卫星，那么处于它们之间的火星则应该有两颗卫

星。这种推算方法在 1726 年又被英国作家斯威夫特在他的小说《格利佛游记》中得到了具体的描述："飞岛国"居民发现了火星的两个卫星。

18 世纪末到 19 世纪中叶天文学家们一直在孜孜不倦地观测火星，遗憾的是，人们并没有找到火星的卫星。

1877 年 8 月，是 10 年难遇的火星最接近地球的时机，美国天文学家霍耳抓住这个机会接连对火星观测了几天，仍然毫无所获。当这个天文学家决定

放弃观测时，幸而听了他的夫人斯蒂尼的鼓励：再试一晚！就是这"再试一晚"，奇迹出现：霍耳当晚发现有一个亮度微弱的运动天体出现在火星附近。8 月 16 日，霍耳终于确定自己看到的是一颗火星卫星，第二天，又发现了第二颗火星卫星。因此，这两颗卫星就被分别命名为福博斯（火卫一）和德莫斯（火卫二）。

20 世纪 40 年代，天文学家夏普利发现了个现象：福博斯在长期加速。50 年代末时，苏联天文学家谢克洛夫斯基在发表的假说上提到：火星上曾经存在过一个文明社会，怪星福博斯是火星智能生物发射的卫星。对这个假说，科学家始终抱怀疑态度。

直到 20 世纪 70 年代，美国和苏联利用宇宙飞船拍摄了福博斯和德莫斯的照片，才确切地看到这两颗火卫的模样：就像两个癞癞疤疤的"病土豆"，表面遍布陨石冲击坑。由于它们没有火星那种红色，一些科学家便认为这两颗卫星是火星俘获的小行星。

火卫一与火星之间的距离是太阳系中所有卫星与它们的主星的距离中最短的，火卫二是太阳系中最小的卫星了，也是火星两颗卫星中距离主星火星较远的一颗。

❖ 火卫二——德莫斯

太阳系的遥远边界——柯伊伯带

抬头仰望那无尽的星空，那浩瀚的宇宙，你思考过宇宙如何而来吗？在浩瀚的苍穹里，它的边界又在哪里呢？

宇宙的边界我们无法得知，但是太阳系的边界我们已经有了基本的了解，那么我们就来了解一下太阳系的遥远边界——柯伊伯带。

柯伊伯带是目前我们所了解到的太阳系最遥远的边界，柯伊伯带大致处于距离太阳40～50天文单位的低倾角的轨道上。荷兰裔美籍天文学家柯伊伯首先发现了它，所以以他的名字命名为柯伊伯带。

在以前人们一直认为在柯伊伯带附近，也就是太阳系的尽头一片虚无。随着科技的发展，人们渐渐意识到，哪里不仅不是空无一物，而且相当热闹。

柯伊伯带如何形成的无从得知，但是它是短期彗星的发源地的说法已经被人们所接受了。

柯伊伯带就是个彗星的储藏库。1950年，像哈雷一样对彗星感兴趣的荷兰天文学家奥尔特做了关于彗星轨道的统计。1932年欧匹克就已经提出过类似的看法。于是，大家综合两人的推测就把这个储藏库命名为"奥尔特云"或"奥尔特 - 欧匹克云"。

大胆的假设，天马行空的想法，造就了一个个的伟大科学家，让我们的想象飞起来，不断地探索，你会找到无穷的乐趣。

地球的邻居——金星

> 璀璨星空中，你们想知道离地球最近的是哪颗行星吗？想知道你每天看到的星辰里，哪一个是你熟悉的行星吗？

答案就是金星，金星是太阳系八大行星之中离我们最近的一颗，夜晚我们可以仅凭肉眼就能看到它在天空中的身姿。

小朋友一定听说过启明星和长庚星吧？实际上它们是同一个天体——金星。黎明时分，人们会在东方的地平线上看见一颗十分明亮的"晨星"，我们称之为"启明星"；黄昏时分，人们同样能在西方看见一颗最亮的星，大家又称之为"长庚星"。想不到吧，它一直在你的身边。

金星的运行轨道处于水星与地球之间。

金星和其他几个行星比起来有许多奇特之处。首先，金星的自转非常古怪，它的自转方向与太阳系其他行星的自转方向截然相反，不仅如此，它的自转速度还非常慢。金星的公转周期约为 224.70 地球日。金星 224 天绕太阳一周，比地球的公转周期要短。

其次，金星的自转周期和轨道是同步的，所以当地球与金星距离最近时，我们观

知识小链接

1962 年水手 2 号第一次访问了金星，之后的来客分别是金星先锋号，苏联尊严 7 号、尊严 9 号。

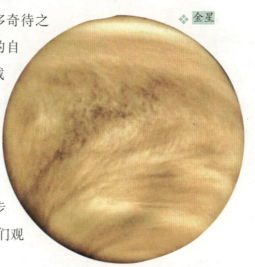
❖ 金星

察到的总是它固定的一面。

火星的孪生兄弟——地球与它的结构非常相似，不仅半径相近，质量也相差无几。

为什么金星会与其他几个"兄弟"有截然不同的特质呢？科学家们试图破解其中的奥秘，遗憾的是，科学家们目前仍没有找出合理的答案，虽然人类很早就认识了金星，但对它的了解还处于推测阶段。

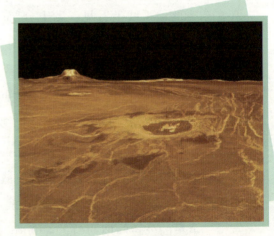

❖ 金星构造

科学家推测金星受到了小行星的撞击而改变了自转方向；大多数科学家认为是潮汐力影响了它的自转，在没有事实依据去论证它的真实性之前，这只是一条推测；虽然它和地球有着相似的结构，但实际上金星上的环境和地球有着天壤之别：表面温度高，没有水、氧气，还有浓硫酸组成的浓云的限制，所以金星实际上是一个没有生命的不毛之地。

现在人们对金星的了解还很少，宇宙浩瀚，有的人为了探索宇宙的奥秘，倾尽一生的心血，对于神秘的金星，人们的探索也绝不会停止的。

❖ 金星表面

Part3 第三章

行星间的信使——水星

> 提起水星，会不会感觉它是一个充满水的世界？事实上是这样吗？让我们来揭开它的面纱吧。

水星是太阳系八大行星中最接近太阳的一颗行星，也正是如此，它无时无刻不在接受着太阳的烘烤。在强烈的光和热的照耀下，水星上根本不可能有液态的水。

因为它离太阳最近，所以它的公转周期相当短，88个地球日它就会绕太阳一周，这位"名将"是太阳系中"跑"得最快的。因此，西方人叫它墨丘利，墨丘利在罗马神话中是专为众神传递信息的使者。

由于水星距离太阳太近，所以正对太阳的一面的温度十分高，不要说能把水蒸发掉，它还可以把锡和铅融化掉。不过在背对太阳的一面状况恰恰相反，因为缺乏阳光，所以温度特别低，甚至可以低到零下173℃。

水星的轨道是一个很大的椭圆。在近日点，它距太阳仅4600万千米，但在远日

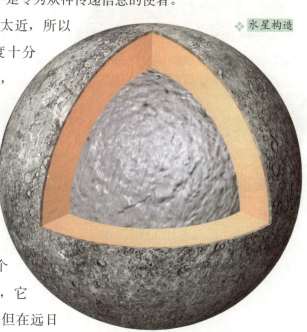

❖ 水星构造

点却有 7000 万千米。19 世纪，天文学家们对水星进行了观测，他们觉得水星椭圆的轨道实在是太特别了，从理论上来说很难解释。最令人惊讶的是，水星的运行轨道并不是一成不变的，它一直在缓缓地变化着。这到底是什么原因呢？

❖ 水星表面

这个难题随着爱因斯坦的广义相对论的提出被解决了。水星绕着太阳运转，质量和引力等因素导致了它的运行轨迹在慢慢改变。

❖ 水星

这仅仅是水星的一个小小的谜团。水星也像其他行星一样，同时存在着不只一个未解之谜。但是它实在是离太阳太近了，仅凭现代的哈勃望远镜无法对它进行充分的观测。

1973 年和 1974 年人类通过发射的探测器 3 次造访水星，但是它们也仅仅完成了对水星表面的 45% 的勘测任务。

到底水星还隐藏着什么样的秘密？这需要科学家们做进一步的研究。

Part3 第三章

火红的星球——火星

传说中火星是最适合人类居住的行星，而且火星还可能存在生命。那么具体的情况是怎样的？想不想知道最后的探测结果？让我们一起探究吧。

火星是太阳系八大行星中距离太阳第四远的行星，距离太阳约 1.52 天文单位，体积仅为地球的 1/6，质量为地球的 1/10。它的名字在不同的地区也不一样：在我国古代，人们称之为"荧惑"；而在西方则被称为"玛尔斯"，意思是战神，所以它也被用来表示战争和杀戮等。

火星上的地形非常复杂，高山、平原和峡谷层出不穷。令人吃惊的是，受压力影响，两个半球的地势差距十分大：北半球是被熔岩填平的低原，南半球则是充满陨石坑的古老高地。

火星上还有数量繁多的火山、峡谷、沙丘。地球上最高的山是珠穆朗玛峰，而火星上的最高山要比它高出 3 倍，就是林帕斯山。

❖ 火星

火星上不仅山高，峡谷也深。据观测，火星上的峡谷长超过 4000 千米，占火星周长的 1/5。

火星自转轴倾斜明显，因此其四季变化非常明显。虽然明显，不过它季节的时间比较长，差不多相当于地球上的两倍。

火星上的气候也很特别：日照射量在一年当中变化很大。此外，季节的交替使火星上的二氧化碳和水汽凝结和升华，驱动着大气环流。你可能不知道，在火星上很容易产生沙尘暴，它们会将沙尘粒子卷入到高空中。而这些粒子也会吸收阳光，使高空中的大气温度升高，但遮天蔽日的沙尘却又会使地表降温……

❖ 火星

从以上描述可以看出，火星的环境极其恶劣，很明显不适合人类生存。但是一切事物都是可以比较的，相比于其他行星而言，它是最有可能有生命存在的星球。据观测，火星南北极以干冰和水冰组成的极冠为人类的生存提供了水源。与此同时，火星的表面环境在众多行星中是最接近地球的，它也有四季变化，自转速度和地球比较类似，给了我们新的希望。

知识小链接

地球干燥的沙漠地带常发生尘卷风，在火星也一样常见。尘卷风宛如迷你形龙卷风，当地表被加热时，上方空气便上升、旋转，携带砂石，在地表上游走，在经过的地方因为把上层浅沙带走，留下深色轨迹。

2000年，人们在火星南极发现了一些类似微体化石的结构。然后有人猜测火星上可能有生命存在，不过有人并不同意，他们认为这可能只是自然生成的物质。

虽然现在仍然没有得到更进一步的证据，希望在未来，随着科技的发展，我们对火星的了解会越来越多。

Part3 第三章

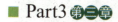

最美的行星——土星

当你用天文望远镜望向那遥远的星空，看到好像一顶漂亮的遮阳帽飘行在宇宙中，你不用惊讶，那就是八大行星中最帅气的土星。

土星是太阳系第二大行星，它的直径足足有 119,300 千米。土星和木星是很好的邻居，它们的表面也十分相似，由液态氢和液态氦组成，不过土星上面的风暴十分厉害，每小时可以达到 1600 千米，产生了十分厚重的云层。

土星是八大行星中最漂亮的行星，土星是高速运转的。远远看去，它好像是一颗扁平的行星，像是一位在宇宙中的旅行家，戴着一顶十分漂亮的遮阳帽，潇洒地运动着。那淡黄色的橘子形状的星体四周飘浮着炫目的彩云。

土星大部分组成物质都是气体，不过你可能不知道，它的核心部分是由岩石构成的。

土星表面温度很低，甚至可以达到零下 140℃。现在我们来看看它的运行情况，它的公转速度并不是很高，以平均每秒 9.64 千米的速度斜着身子绕太阳公转，它的轨道半径约为 14 亿千米。路途遥远，速度缓慢，所以土星绕太阳一周需要 29.5 个地球年。是不是感觉很奇特？不要看它的公转慢，它自转的速度要比地球快。

❖ 土星的南极

土星有很多卫星，而且每个卫星都有他们各自的特点。

土卫一几乎全部由冰构成。据望远镜观测，土卫一表面有一个直径 130 千米的巨大陨坑；土卫二的外观与土卫一非常相似，但它却比土卫一更光滑明亮一些。所以有些科学家推测它可能有一个液态的核；土卫六有一个可以观测到的大

❖ 土星光环

气层，而其他卫星则没有；土卫九和土卫十三的公转轨道非常混乱无序；其他卫星自转周期与公转周期相等，都沿着一个接近正圆的与土星赤道平行的平面运行。这些卫星大多由 30%～ 40% 的岩石和 60%～ 70% 的冰构成。

最特别的是土卫八，它一半漆黑，一半却又十分明亮。这是为什么呢？科学家们很难给出令人信服的答案。

尽管如此，这一个个奇特的土星卫星带给人们很多的想象空间，它们所包含着的诸多问题都等着我们去解答。

❖ 土星

Part3 第三章

"错认"的行星——天王星

作为太阳的第七个孩子，天王星直到很晚才被人们发现，关于它的点点滴滴，人们又了解多少呢？

天王星是一个蓝绿色的圆球，它的表面有着不平行的条纹，色彩也十分漂亮。天王星赤道半径约为 25,900 千米，它的体积是地球的 65 倍，质量约为地球的 14.63 倍。和地球类似的是，天王星也有自己的大气，其主要成分是氢、氦和甲烷。

因为种种原因天王星被人们发现的时间比较晚：第一，天王星是一颗远日行星，在太阳系八大行星中，它是距离太阳第二远的。第二，天王星的光度与金、木、水、火、土 5 颗行星一样，其亮度可以通过肉眼见到。只是，它相对其他行星较为黯淡。

天王星也是一颗美丽的行星，和土星一样，天王星也有着美丽的光环。不过和土星不一样的是，天王星的环系比较复杂，它的光环由 20 条细环共同组成，而且每条环颜色均各不相同。远远望去，色彩斑斓，美丽异常。

❖ 天王星

天王星发现很晚，对它的了解也不多，所以人们为它演绎了许多故事。在西方，因为它出现得晚，所以被命名为"乌拉诺斯"。

乌拉诺斯是第一位统治整个宇宙的、费尽心机将混沌的宇宙规划得和谐有序的天神，是农神克洛诺斯的父亲，宙斯的祖父。

天王星被发现的过程是相当曲折的，是被威廉·赫歇尔爵士在1781年3月13日宣布发现的，从那天起人们才注意到这颗不起眼的行星的存在。

事实上，1690年约翰·佛兰斯蒂德第一次在星表中将他编为金牛座34，并且对它进行了多次观测。在此之后，法国天文学家在1750~1769年至少观测到天王星12次，这其中还包括1次连续4夜的观测。

实际上有很多真理都是在大家的质疑声中慢慢浮现。1781年3月13日，威廉·赫歇尔观测到了这颗行星，不过遗憾的是，他在4月26日的时候把这

知识小链接

天王星是太阳系里的四颗气体行星之一。天王星有时会跟附近的海王星一样，被称作"冰巨星"。天王星是太阳系里最寒冷的一颗行星，最低温度可达零下224℃。

❖ 天王星

颗行星报告成了彗星。其实，经过对这颗行星的研究，他原本的思路已经有所动摇，但是他把这件事报告给英国皇家学会的时候，想法还是比较保守。

❖ 天王星的内部结构

❖ 天王星

虽然赫歇尔继续强化他的天王星"彗星论"，但是很多天文学家对这个结论产生了怀疑。比如德国天文学家约翰·波得在观测后看到了赫歇尔的描述，发出了不同的声音："这个在土星轨道之外的圆形轨道上移动的天体，更像是一颗行星而不是彗星。"另一个法国科学家拉普拉斯进一步证实赫歇尔发现的是一颗行星，而不是彗星。

最后，赫歇尔本人终于点头了，他向皇家天文学会承认了这个事实："是的，经由欧洲众多杰出的天文学家观测证实，我很荣幸地在 1781 年 3 月指认出的这颗新星是太阳系内主要的行星之一。"

每一个人，成功后都会收到鲜花与奖励，威廉·赫歇尔也不例外。在此之后，他成为了皇家天文学家，并且被英国皇家学会授予柯普莱勋章，得以移居至离英国王室的温莎城堡不远的金汗郡斯劳，拥有了每年 200 英镑的津贴。

现在天王星在人们眼中依然还是那么神秘，那么不为人知，希望在不久的将来会在大家的研究下大放异彩。

Part3 第三章

美丽的淡蓝色星球——海王星

海王星的大气层以氢和氦为主并有少量甲烷，海王星的蓝色比有同样分量的天王星更为鲜艳，有太阳系最强烈的风，表面是太阳系中最冷的地区之一。

海王星是环绕太阳运行的第八颗行星，是围绕太阳公转的第四大天体（直径上）海王星在直径上小于天王星，但质量大于天王星，大约是地球的 17 倍。

海王星的赤道直径为 50,950 千米，是地球赤道半径的 3.88 倍，它的体积是地球体积的 57 倍。我们可以看到，海王星是一颗淡蓝色的星体，十分漂亮。

海王星上也有四季。不过，它的四季中冬季、夏季温差很小，不像我们的地球这么显著。

因为海王星对天王星轨道的作用太过明显，于 1846 年 9 月 23 日被当时英国剑桥大学学生亚当斯计算了出来。紧接着，德国天文学家 J.G. 伽勒按照亚当斯计算的位置寻找到了这颗美丽的星球。

知识小链接

我们用肉眼是看不到海王星的，其亮度介于视星等 +7.7 和 +8.0，比木星的伽利略卫星、矮行星、谷神星、灶神星、智神星、虹神星、婚神星和韶神星都暗。

海王星的发现看似很简单，但是它的观测极为困难。海王星距离我们过于遥远，并且光度暗淡，即使用大型望远镜看清其表面细节也非常困难。

❖ 海王星的光环

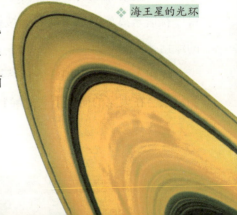

人们在不断寻找其他方法来观测海王星。1928 年，天文学家们测出海王星的自转周期为 15.8±1 小时。1968 年 4 月 7 日，人们才通过观测得出它的赤道直径为 50,950 千米。

由于海王星离太阳太远，所以当阳光照到星球表面的时候就已经很微弱了。它的强度只相当于地球上阳光强度的 1/900，差不多相当于一个离你不到一米远的 100 瓦灯泡所发光线的强度。但事实上海王星大气温度约为零下 205℃——这个值高于从太阳辐射算得的期望值。这又是一个不解之谜。

❖ 海王星内部结构

海王星也是有卫星的，目前一共发现了大约 8 颗海王星的卫星。

1846 年，天文学家 W. 拉塞尔发现了逆行的海卫一，据计算，这颗卫星正逐步接近海王星，面临它的会是什么呢？如果不出所料，这颗卫星将会在遥远的将来碎裂成为海王星的环。

我们相信海王星还会有更多的秘密等待着大家去探索，未来的世界等着小科学家们去开拓。

❖ 海王星

Part3 第三章

地球的保护伞——范爱伦带

这是一个陌生的名词，但是范爱伦带确实是我们生命的一个保护伞。没有它，我们将暴露在宇宙射线的攻击之下。

什么是范爱伦带？它实际上指的是地球大气层外的两个辐射带，它们和地面的距离分别是 2000 ~ 5000 千米和 13,000 ~ 19,000 千米，它还有一个名字，就是"范爱伦辐射带"。

众所周知，臭氧层是地球的保护伞，因为它的存在，地球表面所接收的紫外线照射程度才会被控制在生命可承受的范围内。那范爱伦辐射带就是地球的另一道保护伞，因为它的存在，太空中给人类带来的最恐怖的威胁——宇宙射线才不会进入地球。

范爱伦带是怎么保护地球的呢？它拥有大量辐射粒子，主要来源是被地球磁场俘获的太阳风粒子。而这些粒子被捕捉后就会在范爱伦带两转折点间来回运动。

范爱伦带也与极光的形成有密切关系，而它的名字确实来自于它的发现者——美国物理学家范爱伦。

范爱伦出生在美国，他的一生也经历了许许多多，从磨砺中成长起来。1935 年，他获得学士学位，此后又进入艾奥瓦州立大学，于 1939 年获得博士学位。

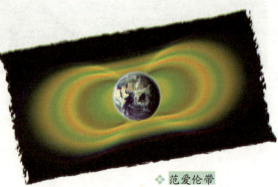

❖ 范爱伦带

他最辉煌的时候就是在二战以后为美军服务，二战期间的表现不仅使他在美国军方获得了崇高的地位，而且他在第二次世界大战以后得以接触并主持美国空间探测研究。

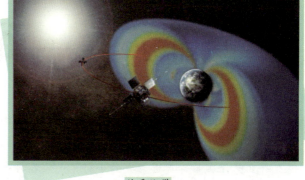

❖ 范爱伦带

此后，他参与了美国第一颗人造卫星——"探险者1号"的研究，并且带着他研制的设备成功升空。在人造卫星的帮助下，通过不断的研究，终于发现了这个辐射带。

范爱伦带在赤道附近呈环状包围着地球，同时还向极区弯曲，并且不断发生位置变化。

❖ 地球大气层

最大的小行星——谷神星

> 在太阳系中不仅有八大行星，还有四大小行星。你是不是感到新奇呢？那么就让我带你走近最大的小行星——谷神星去看看吧！

谷神星是最早发现的 4 个小行星中最大的一颗。我们来看一组数字：谷神星的直径约 933 千米，等于月球直径的 1/4，质量约为月球的 1/50。在第一次被发现时被列为太阳系行星之一。

谷神星一直被看作构成火星和木星之间小行星带中几万颗小行星之一。

谷神星位列四大小行星之首，而通常被人称作是"伟大的母亲"。这种称谓来自于古代的神话故事。

在希腊神话中，得墨忒耳是丰收女神，而色列斯是主管农业和丰收的女神，她象征着养育人类文明的肥沃的土壤，带给人们生机和希望，所以人们把她当作大地之母来祭拜。

在神话中还有这样一个故事：色列斯的女儿珀尔塞福涅突然被冥神普路托绑架。闻此噩耗，色列斯万分悲痛，无心本职之工作，所以世间万千植物都慢慢枯萎，大地一片荒芜。直到她的女儿返回，她才恢复过来，于是一瞬间，荒芜消失了，大地重新焕发了生机，植物生长起来，农田里的庄稼也茁壮起来了。

◆ 谷神星

谷神星在神话中是农业之神，她滋养万物，

104

被视为母亲的象征。

谷神星不仅仅只是在神话中与地球有密切关系。实际上科学家最近发现，谷神星上含水量可能比地球还多。听上去是不是很神奇？其实谷神星在很多地方和地球是很类似的。天文学家曾为谷神星拍摄了 267 幅图像。人们发现，谷神星几乎为球状。这表明它的形状受到重力控制。

❖ 得墨忒耳雕像

另一方面，这颗小行星和地球一样内部分为不同层次：稠密的物质在核心，比较轻的物质靠近表层。

在每年的 5 月 11 日前后，还会发生谷神星冲日，到时候，谷神星、地球与太阳将呈一条直线，它的亮度将会达到最大。我们通过双筒望远镜就可以看到它。

以后大家在 5 月 11 日可以去试一试，找到它，就可以去观察研究它了。

❖ 谷神星

■ Part3 第三章

最新的天体——2008KV42

天空不是一成不变的，诸多的改变在大家不经意间悄悄地就发生了，天空中突然多了颗星星，你能找出是哪颗吗？

在海王星之外柯伊伯带上，有一颗新发现的天体，被命名为：2008KV42。是海王星之外的环状冰体结构，它的运行轨道和地球轨道平面103.5°倾斜后相同。当它围绕太阳旋转的时候，其他星体相对地反向运行。

2008KV42距离太阳相当于地球距离太阳的32倍，这可不是一个短的距离。对于这颗新天体的诞生地，科学家们给出了自己的猜测，他们认为，它诞生于其他宇宙区域，比如说诞生于和哈雷彗星很相似的地方。

但是戈德曼研究小组计算出2008KV42新天体出现于柯伊伯带之外，这让人们觉得不可思议，因为那并不是预测中的位置。而究竟诞生于哪里，答案很难精确地描述出来。

2008KV42被发现的过程也是有点意外的成分在里面。它是被"先锋10号"宇宙探测器发现的，实际上"先锋10号"探测器起初是探测木星及其邻近区域，在它发射21个月后成功地向人类提供出第一幅木星的近视图像。1983年6月，"先锋10号"穿过了海王星的轨道，向行星系以外继续旅行。

❖ 太阳

1992 年，天文小组的成员发现探测器的飞行轨道有了变化，后来他们将"先锋 10 号"发回的数据进行综合性分析研究后才敢确定——太阳系又有了新的天体。

因为在以前因轨道变化而被发现的行星还有海王星，所以如果这个是真实的，那么它将成为仅凭重力作用就被发现的太阳系中的第二颗行星。

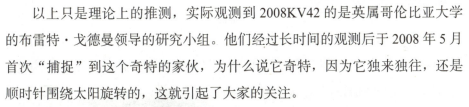

❖ 地球

以上只是理论上的推测，实际观测到 2008KV42 的是英属哥伦比亚大学的布雷特·戈德曼领导的研究小组。他们经过长时间的观测后于 2008 年 5 月首次"捕捉"到这个奇特的家伙，为什么说它奇特，因为它独来独往，还是顺时针围绕太阳旋转的，这就引起了大家的关注。

在理论和实践的证实下，太阳系中的新天体就这样被发现了，而这个新的天体未来究竟会是什么样的，上面究竟是什么样子的，那就靠未来科学家们努力了。

■ Part3 第三章

七颗奇怪的卫星

哪里都有稀奇古怪的家伙，哪里都有个性突出的家伙。卫星中也不例外，总有几个调皮捣蛋的和几个乖巧懂事的。

冰的地狱：木卫一

木星是那么温和，谁能想到，它的头号小弟——木卫一竟然犹如太阳系的炼狱一般。它上面天寒地冻到足以使二氧化硫霜冻，但上面又有强烈的火山喷发，一些天寒地冻的地方竟然会有岩浆从地底冒出，绵延 50 千米以上。是不是觉得这里是冰火两重天？

◆ 木卫一

但是所有的一切都是有原因的，就是因为木卫一处于木星以及木卫二、木卫三之间的"漩涡"的结果。因为木卫二和木卫三的轨道周期正好分别是木卫一的 2 倍和 4 倍，所以这 3 颗卫星经常会排成一线。经过一段时间后，木卫一被慢慢地推入到了一条椭圆形轨道。现在是不是觉得木卫一的怪脾气不是没有理由的。

阴阳：土卫八

土卫八的特点就是长着一张特别的脸，它一半黑，一半白，就像一张阴阳脸；它的形状也是颇为怪异，一座山脉贯穿于半条赤道，使得它看上去就像一个核桃。

土卫八长成这个样子，现在的科学也很难解释是什么原因。有的人就推测可能是它形成的时候处于熔融状态，并且处于快速地转动的状态，所以才会长成这个样子。

❖ 土卫八

土卫八不仅长得特别，它的组成也是很特别的。它的密度意味着它大约80%是冰，岩石只占20%，简直就是一颗很大的冰球。不过它的存在可是独一无二的，地位也毋庸置疑，任何试图想解释整个太阳系卫星形成的理论都必须要考虑到它。

活的雪球：木卫二、土卫二和海卫一

有时候不要相信你的眼睛，它会偶尔地欺骗你一下。木卫二、土卫二和海卫一表面看起来好像是暗淡冰冷的，好像十分不近人情，其实它们是太阳

❖ 木卫二

系中最活跃的地方。

　　木卫二的表面是布满了裂缝的冰层，但是它的内部都是温热的。也正是因为这样的温度，使得它表面是液态的海洋。如果核心和外表相通，既有水又有温度，那么生命是可以在这里存活的。

　　土卫二则更为活跃，简直像一个调皮的小孩子。在它的南极有很多喷口，里面会喷射出水蒸气和冰晶，远远看上去十分美丽，简直像是一个冰雪的世界。

❖ 木卫二

　　海卫一的地势比较平缓，很少有陨石坑。这表明它十分年轻，据推测，它的年纪可能还不到 1000 万年呢！

飞碟：土卫十八和土卫十五

　　喜欢看科幻片吗？这里的几颗卫星可是充满了科幻片的色彩呢。它们的中间高，四周却是扁扁的，很像飞碟。为什么会是这个样子呢？我们可以这样解释：它们的运行轨道比较靠近土星环，物质落到了它们身上，日积月累，就成了现在的模样。土卫十八是已知土星卫星家族中中最小的一颗，也是土星卫星中最中间的一颗。土卫十五是土星卫星中距其第二近的卫星。它是在 1980 年由 R.Terrile 从旅行者号传回的照片上发现的。土卫十五好像是一颗 A 光环的牧羊卫星。

❖ 土卫十八

回旋镖：海卫二

海卫二是一个不按常理出牌的家伙。大多数卫星都是缓缓地绕行星公转，但海卫二却在飞奔。它的轨道十分特殊，在太阳系的所有卫星中，它的偏心率是最大的。它的存在可能是个意外，也是一个谜。

❖ 海卫二

第二个地球：土卫六

以后你可能会搬家，搬到土卫六上面去，因为土卫六可能是所有卫星中最奇特的，土卫六具有众多和地球相同的特征，包括湖泊、丘陵、洼地、河谷以及泥泞的平原。

它具备着可供生命存在的条件，在它厚厚的氮大气中还有雾、霾和雨云。

❖ 土卫六

我们的探测器曾经去观察过，看着拍到的图片有人惊喜地说："它看上去就像是英格兰。"

不过那只是我们的期待，真的要去居住那就有点困难了，如果你去了，记住了多穿衣服。因为土卫六与太阳的距离是地球到太阳距离的 10 倍，它的表面温度仅有零下 180℃。

❖ 月球

最佳原创：月亮

月球的起源现在看来比较模糊，45亿年前一颗较大的原行星与年轻的地球相撞，撞击抛射出的物质最终形成了月亮。这个学说被大多数人认同。

月球是地球的唯一一个卫星，它的存在使地球自转轴的倾角稳定，使我们的星球上不会出现十分极端的变化。

月球和地球会永远相亲相爱地生活在一起。

第四章
宇宙中的壮丽奇观

宇宙中的星河和运转的各行星构成了最美、最壮观的画卷。浩瀚的宇宙中有着太多让我们震惊而感动的美景。这一章，让我们一起去看看宇宙中的壮丽奇观。

Part4 第四章

什么是星际消光现象

宇宙是神秘的，它浩瀚无穷，却又美不胜收。当夜幕降临的时候，你是否抬头看过星空？是否向往去宇宙中遨游？

其实我们现在所看见的星光并不是它们现在的模样，因为距离太远，真实的它们可能已经变了模样。

这些星光经历长途跋涉，到达地球后，被削弱了很多，人们称其为"星际消光"，那么，是什么导致了这种现象呢？

这个问题，在 19 世纪的时候就已经被人们提起，大家给出了这样的定义：遥远的恒星、星系等天体，它们发散出来的光和电磁波会被宇宙中的物质吸收一部分，也会被发散开来，这样的现象就叫作星际消光。

其实在 19 世纪的时候人们就已经意识到了这种现象的存在，不过那个时候人们对于天文还没有特别深入的研究，所以认为天空中除了有暗星云的存在外，别的空间都是透明的。到了 20 世纪 30 年代，随着科技的进步，人们

知识小链接

星际红化会使我们测量的数据产生误差，而星际红化比较严重的是低银纬的天体，所以在研究比较远的天体时，要把星际红化的影响扣除，这样才能减小误差。

❖ 弥漫星云

对于宇宙的认知不断增强，瑞士的天文学家特朗普勒首次证明了星际消光现象。

特朗普勒指出，在宇宙中有许多的物质，它们都具有消光的作用，比如说弥漫星云、行星状星云等。

不同的星际物质对于光和电磁波的消散强度并不一样，一般来说，长波散射较小，短波散射较大，从而导致接受到的星光比没有散射吸收的星光要偏红些，这样的现象被称作是星际红化。

❖ 浩瀚星空

Part4 第四章

星系的**心脏**是什么

心脏可以说是动物体内最重要的部分，它一旦停止了跳动，那么生命也就意味着要终结。那么星系是不是也有心脏？它的心脏又是什么？

宇宙中有多少个星系呢？在 20 世纪 90 年代，天文学家对北部的天空进行观测后，得出了一个数字——800 亿。

800 亿是一个什么样的概念？我们可以这样想，我们处在太阳系，太阳系又只是银河系中的一个小小分支，而宇宙中像银河系这样的星系有 800 亿个。有没有震惊到？

是不是觉得这个数字很大？还有比这个更加让人震惊的。1998 年，科学家通过对南部的天空进行观测后，估算出一个新的数据——1250 亿。

在茫茫的宇宙中，星系像是分布在海洋中的小小岛屿，渺小得简直不值一提。但正是由这样数不尽的小岛屿，才构成了整个宇宙。

这些星系大致可以分为 4 种类型：

第一类星系是椭圆星系，这样的星系看上去比较匀称，它的中心部分比较明亮，

❖ 旋涡星系

而边缘部分则渐渐变暗。在宇宙中，这样的星

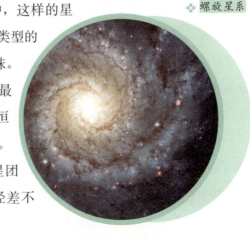

❖ 螺旋星系

系大概占总数的 60%。同属于一种类型的

星系也不相同，它们的质量相差悬殊。

比如说，超巨型椭圆星系是宇宙中最

大的恒星系统，它包含 10 万亿颗恒

星，直径甚至可以达到 50 万光年。

而最小的椭圆星系则与一个球状星团

差不多，只有上百万颗恒星，直径差不

多达到 3000 光年。

第二类星系是旋涡星系，它的数量占总数的 30%，与椭圆形星系不同的

是，它的中心也比较明亮，而向外延伸的部分就像是伸出的一条条手臂，形

成了一个旋涡状。每个旋涡星系的规模也不同，它们的手臂紧密程度也不相

同。地球所处的太阳系其实就在银河系的一条旋臂上。

第三类星系是棒旋星系，它们的旋臂像是从中心的一根棒状结构的两端

延伸出来的，形状很特别。

第四类星系是不规则星系，它们不存在核心，形状

也不规则，所以我们无

法描述它们统一的模

样。不规则星系的数

量比较少，仅占星系

总数的 3%，不过这仅

仅是我们的估计，可能

在很遥远的地方，有一些

比较暗的星系没有被我们

发现。

一般来说，星系的核

心非常小，质量却很大，

一般都相当于几亿个太阳

❖ 星系相撞

的质量。可以说，这个核心就是星系的"心脏"。那么，这个心脏又是在做什么样的活动呢？

首先，很多星系的核心部分要比其他部分亮得多，而且可以发出强烈的无线电波、红外线和 X 射线。

其次，星系核心的亮度经常在短时间内发生明显的变化，由此我们可以猜想，在中心位置有着十分剧烈的活动。

最后，在星系核心活动着的其实是喷射气体，这个速度非常快，差不多是每秒钟几十千米，有些则要厉害得多。

❖ 双极星云的星系

Part4 第四章

恒星的光度等级怎样区分

我们在谈论星座的时候总会提起它们最亮的恒星是几等，它们有几颗高亮度的恒星。那么，在恒星的世界里，这样的等级是怎么划分的呢？

宇宙中有那么多的恒星，我们靠什么来区分它们呢？有两点，一是划分星等，二是确定光度。

为了比较容易区分繁多的恒星，人们根据它们的亮度划分出了 6 个等级。肉眼可以直接看到的就是六等星，而比六等亮一点的是五等星，就这样以此类推。一般来说，一等亮星的亮度差不多是六等亮星的 100 倍。

恒星和我们的距离并不一样，所以说只根据肉眼的观测判断肯定是不合理的，比如说，太阳的星等其实只有 4.8，但是把它放到和我们距离 32.6 光年的地方，它的星等就变成了五等星。为了对恒星们一视同仁，所以要把它们放在同一个位置才行。怎样将它们放在一起呢？我们假设把恒星们移到地球 10 秒差距，也就是放在和我们距离 32.6 光年的位置，这个时候再对它们进行判断。

除此之外，恒星的真正亮度还可以用"光度"来表示。光度指的是恒星每秒放出的

在大麦哲伦星云中年幼的蓝色恒星被剩余的气体包围

能量。

我们知道，像太阳这样的恒星一直在做着很剧烈的反应，它们一直在源源不断地向外输送能量，根据这个能量，我们可以判断恒星的亮度。恒星的大小和温度是决定它的光度的两个重要指标，温度越高，说明它的光度越大，而恒星的表面积越大，那么它的光度自然也就越大了。

恒星之间的差距特别大，比如说，宇宙中光度最强的恒星要比太阳强 100 万倍，而光度最小的恒星只相当于太阳的百万分之一。

❖ 哈勃观测到两颗燃烧剧烈的超级恒星

❖ 千奇百怪的恒星

因为我们对于太阳比较了解，所以在确定恒星光度的时候通常以太阳为标准。巧合的是，太阳正好处于恒星整个光度范围的中间位置。

我们提到了 3 种恒星，那么怎样区分它们就要依靠我们的太阳了。我们把光度比太阳大 100 倍左右的恒星称为巨星，光度大于巨星的称为超巨星，而光度小、相对体积也小的恒星就被称为矮星。

Part4 第四章

海王星的发现与冥王星的"陨落"

我们探索宇宙中的行星已经有了很长时间的历史，在过去的几百年里，我们对行星的认知出现一次次失误，又一次次地矫正。

宇宙中的天体，最被大家所熟知的当然就是和我们距离比较近的水星、金星、火星、木星和土星，它们都比较明亮，在数千年前就已经被我们认识。而在过去的两百年里，天王星、海王星也陆陆续续被发现。

在1781年以前，那时技术还不进步，所以人们也没有特别用心地去寻找行星，当业余的天文学家赫歇尔第一次发现天王星时，还以为那只是一颗彗星呢。

不过这次偶然的发现给天文界带来了新鲜的气息，人们开始怀疑在宇宙中是不是还有别的行星。科学家们对天王星的运行轨迹等进行了计算，但是发现它的运动轨迹和计算出的数值并不相符，于是大家纷纷猜想，是不是还有别的行星影响着天王星。

接下来露面的就是海王星。那是在1846年，英国杰出的数学家——剑桥的亚当斯和法国的勒韦里埃，他们分别计算出了那颗影响着天王星的行星的所在位置，并且把这个结果告知了柏林天文台。就这样，神秘的海王星浮出了水面。

稀奇古怪的想法才能推动社会的进步，想

❖ 冥王星

出别人想不到也不敢想的，就是一种进步。而很多的天文发现都是这样得出的。

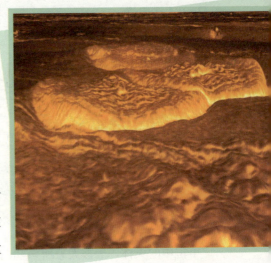

❖ 金星的熔岩表面

说到行星就不得不提到冥王星。冥王星又被称为 134340 号小行星，于 1930 年 1 月由克莱德·汤博根据美国天文学家洛韦尔的计算发现，并以罗马神话中的冥王普路托（Pluto）命名。它曾经是太阳系九大行星之一。在 2006 年 8 月 24 日国际天文学联合会大会上，以绝对多数通过决议 5A- 行星的定义，以 237 票对 157 票通过决议 6A- 冥王星级天体的定义，冥王星从此被视为是太阳系的"矮行星"，不再被视为行星。

最近，天文学家们发现了一件十分令人难解的事，那就是，某颗已知行星和一群彗星的运行方式开始无法用牛顿定律解释。这似乎让大家明白了，在太阳系中有一个潜伏着的大家伙，它影响着天体的运行。

一般来说，得出令人难解的数据时大家会觉得是计算错误，不过在历史上也正是难解的数字指引出了新的发现，海王星的发现不就是这个原因吗？

我们相信，随着技术的进步，更多的未解之谜将会被我们一一揭开。

❖ 水星表面

Part4 第四章

76 年邂逅一次的**哈雷彗星**

你对哈雷彗星这个名字是不是很熟悉？它每76年就会到访地球一次，如果小时候看见它一次，再要和它见面就得76年以后啦！

夏天的夜空，你可能会看见一颗拖着长长尾巴的星星划过天空，当然，这个概率很低。不过，如果你看见它，你一定认得出它，没错，它就是哈雷彗星。

在古时候，我们对哈雷彗星并不了解，觉得它的外形十分异常，肯定是不祥的象征，于是哈雷彗星就有了一个外号，叫作"扫帚星"。

关于哈雷彗星名字的由来，还有着一个很长的故事呢。

发现这颗彗星并一直研究它的人名叫爱德蒙·哈雷，他很聪明，17 岁时就进入牛津大学女王学院学习数学，也就是在那个时候，他慢慢地迷上了天文。1676 年哈雷做了一个十分重要的决定，20 岁的他毅然放弃了即将到手的学位证书，搭乘东印度公司的航船，历经 3 个月的颠簸，到达了位于南大西洋的圣赫勒纳岛。

也就是在这个海岛上，哈雷建立了人类历史上第一个南天观测站，并且在这个地方做了一年多的天文观测。

哈雷是一个十分大胆的人，他的想法很多。那时候人们对于彗星的认识还不是那么明朗，觉得彗星不能算是天体，说

❖ 哈雷彗星

它是遨游在宇宙中的怪物，不过哈雷提出了"彗星也是天体"这样的言论。

人们对于彗星的兴趣不大，哈雷倒是十分热衷，他十分喜欢钻研彗星，并且把自己观察到的一一记录下来。

1682 年 8 月，一颗肉眼就可以看到的彗星拖着长长的尾巴来到了天空，引起了很多科学家和天文学家的注意，而年轻的哈雷更是十分兴奋，他仔细地研究了这颗彗星，并且记下了数据。在观察到这

❖ 哈雷彗星

颗彗星的位置和每天的变化后，哈雷十分惊讶，因为他发现，这颗彗星对于地球来说并不陌生，在以前的书册上也记载过它的出现。

1695 年，哈雷已经是皇家学会书记官，他在那时开始正式研究彗星，他调出了从 1337 年到 1698 年的彗星记录，挑出其中的 24 颗彗星详细地归纳了一下。

这次研究让哈雷大吃了一惊，因为他发现在 1531 年、1607 年和 1682 年出现的 3 颗彗星轨道几乎完全一样。虽然上面记载的有一些误差，但这点误差可以用行星的引力来解释。也就是说，他有足够的理由相信，这 3 次记载的都是关于同一颗彗星的。

不过哈雷并没有草率地下决定，他把观察的时间往前推移，一直到 1066 年，发现关于这颗彗星有着很多的记录。这下子哈雷完全肯定了自己内心的想法，他全身心地投入了对这颗彗星的研究。

知识小链接

哈雷彗星是人类首颗有记录的周期彗星，至少在公元前 240 年的中国，或公元前 466 年的古巴比伦和中世纪的欧洲都有这颗彗星出现的清楚记录，但是当时人们并不知道这是同一颗彗星的再出现。

资料上的信息都证明这颗彗星的运行是有规律的，那么是不是可以预测它以后的行程？经过长时间的研究和推测，哈雷大胆地提了出来：这颗彗星每76年就会回太阳系一次，那么，在1758年底或者是1759年初的时候就会重新出现在人们的视线中。

❖ 1986 年拍摄的哈雷彗星

令人遗憾的是，哈雷在1742年去世了，没有亲眼见证这一预言的正确性。

1758年底，在哈雷去世十多年后，这颗第一个被预报回归的彗星终于准时出现在了太阳附近。这意味着半个世纪前的大胆预言变成了现实。而为了纪念哈雷的功绩，人们把这颗彗星命名为"哈雷彗星"。

星星为什么会"眨眼"

在写作文的时候，我们经常会这么写："夜空像是一块黑布，布满了可爱的小星星，看，它们正朝我们眨眼睛呢。"星星真的会眨眼睛吗？或者说那只是我们的错觉呢？

星星当然没有眼睛啦，但是为什么它们会给我们一种忽闪忽闪的感觉呢？科学家们为我们解释了原因。星星会眨眼，是因为大气层在作怪。

在夜晚的时候，我们感觉天空是安静的，但是我们感觉不到的是，高空中的空气一直在急速地流动。其实空气也是一种介质，像水一样，所以当光线经过的时候就会发生折射。

恒星和我们地球的距离特别远，那些光经历了遥远的路程来到我们的身边，经历了好几层大气。那些大气会随着温度的高低而流动，而且它们的质量和密度也不一样。当光穿过大气的时候，发生了折射，致使那些光就变得不够均匀，给我们的感觉就像是在闪动一样。

我们看到的星星一般来说都是恒星，它们自己在发光发热。那些会"眨眼"的星星比那些不会"眨眼"的星星和我们的距离遥远得多。那些离我们稍微近一点的，它们看上去是一个面光源，它有许多条光线，在经过大气的时候折射的效果并不是特别明显，所以看起来并没有"眨眼睛"。

❖ 眨眼的星星

Part4 第四章

五彩的星星是怎么回事

观察天空中的星星，我们会发现它们各自都不同，有的十分明亮，有的则比较暗淡，有的星星会眨眼睛，有的星星则很安静，不过，你看见过五彩的星星吗？

其实星星的颜色并不像我们看到的那么单调，如果用望远镜看的话，我们会发现，星星们不仅亮度不同，它们的颜色也不一样。

在我国古代，就已经有了关于恒星色彩的记载。

史学家司马迁的《史记》中写道："白如狼，赤比心，黄比参左肩，苍比参右肩，黑比奎大星。"这句话的意思是说：天狼星是白色的，心宿二呈现红色，参宿左肩呈现黄色，右肩颜色是青色，而奎大星的颜色很暗。

由此可得，恒星的色彩并不一样。到了现在，我们不再单纯用肉眼观测，而是采用专门的仪器。我们可以观测到织女星和天狼星是白色的，那么，星星为什么会呈现出不同的颜色呢？

❖ 司马迁

其实原因很简单，星星之所以呈现出不同的颜色，是因为它们外表的温度不一样。

举个例子，在一个十分高温的大炼钢炉里，钢水在里面的时候是蓝白色的，但是取出来后，颜色就会开始变化，它开始从黄色变成红色，然后慢慢地变成黑色。科学家们已经证明，物体随着温度的不同颜色会发生变化，像钢水的颜色变化也就

是它外表温度的变化。

所以说恒星呈现出的不同颜色，就是因为它们外表的温度不同。那么对于恒星来说，什么样的温度又会呈现出什么样的颜色呢？一般来说，红色星的温度最低在 2600℃～3600℃，黄色星在 5000℃～6000℃，白色星在 7700℃～11,500℃，蓝色星在 25,000℃～40,000℃。

我们可以通过颜色来分析一下某颗恒星的温度。比如说太阳，它是一颗黄色星，是金黄色的，如果太阳是一颗红色星呢？那就意味着我们整个地球都会变成南极或者是北极的样子。如果太阳呈现出蓝色呢？那意味着地球上的所有东西都将化为灰烬。

知识小链接

在《史记》中记载，参宿四是黄色的，但是到了现在，这颗星星已经变成了红色，这说明这颗星星在漫长的时间中发生了变化，它颜色改变了，也意味着它外表的温度发生了变化。

其实像人一样，恒星们也会有新生，会有最辉煌的时候，也会有衰败的时候。颜色可以反映出它们的状态，当然除了颜色，也有其他的特征可以反映出来。不过不用担心，恒星们的生命实在是太长了，我们很难发现它们颜色的变化，我们的生命对于它们来说实在是太短暂了。

一个人的生命是短暂的，但是几千年人类的历史就十分漫长，我们对于恒星颜色的研究也已经有 2000 多年的历史了。

我国在古代的时候对于恒星颜色的研究有一个参照物，就是十分著名的参宿四。在我国的古代，恒星的颜色分为五种，分别是白、红、黄、苍、黑。"苍"就是指青色。

❖ 星星

Part4 第四章

来自星空的礼物——流星雨

你有没有去看过一场繁盛的流星雨？在黑色的夜空中，明亮的流星划着长长的尾巴坠下天幕，像闪亮的烟花一样。

不过，你知道流星雨是怎样出现的吗？世界上最早关于流星雨的记录是我国的《左传》，那次流星雨发生在公元前687年。《左传》是这样记载的："鲁庄公七年夏四月辛卯夜，恒星不见，夜中星陨如雨。"

公元461年南北朝时也有关于流星雨的记载。《宋书·天文志》中说："大明五年……三月……有流星数千万，或长或短，或大或小……"这场流星雨十分繁盛，它就是天琴座流星雨，规模十分壮观。

我国对于流星雨的记录大概有180多次，说明我国对于流星雨的记载是十分值得瞩目的。

流星大体上可以分为两种，就是偶发流星和流星雨。偶发流星是随机性的，没有什么规律，而流星雨则是有辐射点的，它所有的流星的反向延长线都相交于辐射点。

一般来说，流星雨以辐射点所在的天区的星座命名。像狮子座流星雨、猎户座流星雨、宝瓶座流星雨等都是这样命名的。

❖ 狮子座流星雨

流星是怎么出现的？一般来说，是流星本身和地球大气层碰撞，擦撞出长长的火花，并且在这个时间内，它慢慢地消耗了。那么，流星群是怎样产生的？

我们先从流星体说起。什么是流星体，流星体是太阳系内颗粒状的碎片，它们有自己的轨道，也在按照一定的速度运行着，并且会发生碰撞。这样一来，碎片就越来越多，它们慢慢地聚集在一起，就变成了规模十分大的流星群。

知识小链接

一般来说，流星雨是有迹可循的。大多数的流星雨都有着一定的运动轨迹，而且具有一定的周期性。就像哈雷彗星一样，我们可以预测一些流星雨下次出现的时间，带好自己的天文望远镜，看看一场美丽又壮观的宇宙奇景。

当大规模的流星群经过地球的时候，就会被地球强大的引力所吸引。这样一来，它们和大气层就会摩擦，产生光和热，并消耗自己的质量，就这样，形成了一场壮观的流星雨。

很多人认为，流星雨的出现和彗星有关。流星群往往是由彗星的碎片产生的，彗星在旅行的过程中脱落了很多的物质颗粒等，它们聚集起来，就成了规模很大的流星群。

值得一提的是比拉彗星。这颗彗星在 1846 年 1 月分裂为两个各自具备彗核、彗发和彗尾的彗星，并且，分开后的两个新彗星朝着不同的方向飞去，距离越来越远。人们以为它们不会再出现了，但是之后的研究让人们大吃一惊。

1872 年 11 月 27 日晚上，天空突然出现了十分壮观的流

❖ 英仙座流星雨

星雨，像是烟花一样在天空中绽放。这一场壮观的胜景维持的时间足足有 10 小时！

　　这个时候大家并没有将两件事联系在一起，到了 1885 年 11 月 27 日，地球再次经过比拉彗星运行的轨道，这时候，又发生了同样壮观的景象。这时，人们终于明白这烟花般美丽的流星雨就是由比拉彗星的残骸形成的。

　　因为这场流星雨的位置在仙女座附近，所以将其称作仙女座流星雨，而到了现在，它有了另外的一个名字，叫作"比拉流星雨"。

❖ 流星雨

Part4 第四章

平和的双子座流星雨

宇宙中的散碎物质在和地球相遇的时候会被地球的引力吸引，然后和大气层摩擦进入我们的视野。在这短短的时间里，美丽的流星雨就形成了。

在各星座的流星雨中，双子座流星雨的出现比较频繁。它每年都会出现，并且，这些流星大多都是明亮的，而且速度中等，十分具有观赏价值。

我们知道流星雨的成因，也知道每年都会有四十多次可以观测到的流星雨，不过对于一般的天文爱好者来说，具有欣赏价值的并没有几个。狮子座流星雨十分美丽壮观，是很多人想看的景致之一；不过双子座流星雨也不甘示弱，它的美也别有特色，是流星雨中的质朴平民。

狮子座流星雨的规模十分盛大，可以说是数一数二，最强的时候流星数量可以高达 9000~15,000 颗！这样的规模是很多流星雨都难以匹敌的。

壮观的狮子座固然是流星雨中的霸王，但它出现的时间规律很难摸索，并带有神秘色彩，好像是一位君主，十分高傲。而和它相比较，双子座流星雨显得很具有平民气质。

双子座流星雨的历史并

❖ 双子座流星雨

没有狮子座那么长，它还比较年轻，差不多是在 19 世纪出现的。

根据天文学家们的推测，双子座流星雨
的规模每年都在增加，似乎这个平民一
直在做着努力。到现在为止，它已经
是每年最主要的流星雨之一。

我们在什么时候可以看到双子座
流星雨呢？时间大概从每年的 12 月 7
日开始，到当月的 13 日和 14 日达到高
峰。相比较而言，双子座流星雨的周期比
较短，也就是说每年都可以看见。

❖ 狮子座流星雨

狮子座流星雨的规模十分壮大，但是它维持的时间并不是太长，相比较
而言，双子座流星雨的高峰能持续一天到两天，对于观测者来说是个很值得
高兴的事。而且，它在全球任何一个位置都可以看得到，是不是相当平民、相
当和蔼？

相对于狮子座流星雨，双子座流星雨还有一点值得骄傲，它所包含的流
星的亮度比较大，而且速度也中等，色彩上更是丰富很多。

为什么双子座流星
雨的颜色会比较丰富一
些呢？因为流星和
大气层摩擦，然后
发出了光亮。而颜
色不同的唯一原因，
就是流星体所包含的
物质不同。

越来越多的人
开始喜欢双子座流
星雨，那么，第一次发

❖ 双子座流星雨

现它是在什么时候？那是在 19 世纪中叶。不过遗憾的是，虽然已经过了 150

❖ 流星雨

多年，人们依然没有发现双子座流星雨的主体在哪里，它究竟是来自哪颗彗星，还很难确定。

有的人说双子座流星雨的母体是一颗近地小行星，并不是彗星，名字叫"法厄同"。不过这也仅仅是人们的猜测之一，还没有强有力的证据去证明它。要知道双子座流星雨属于谁，看样子还要小读者们长大了去研究哦。

星星也有**双胞胎**吗

人类有双胞胎,他们长得一样,几乎很难区分。在宇宙中的星星也有双胞胎吗?是不是有的星星长得一样?这是怎么回事呢?

其实,星星的双胞胎有一个很别致的名字,叫作"双星"。双星指的并不是长得一样的星星,而是有别的含义。恒星之间互相有引力,就像月亮绕着地球旋转,而地球又绕着太阳旋转一样,距离比较近的恒星会互相吸引,然后像两兄弟一样互相绕转。

双星指的就是这样引力相互作用、互相绕转的两颗星星。

其实双星的种类很多,我们先介绍一下物理双星、光学双星。物理双星指的就是一颗恒星围绕另外一颗恒星运转,它们彼此之间相互有引力,相互绕转。而光学双星就是看上去很近,其实特别遥远,互不相干的恒星。

根据观测方式的不同,双星还可以分为目视双星和分光双星。如果用肉眼就能看出的双星就是目视双星,如果需要借助仪器,就是分光双星。听上去是不是很简单?

我们知道,双星肯定是两

◆ 星星

颗星星，对于一颗星星来说，另一颗就是它的伴星，也就是陪伴它的星。在宇宙中，有的两兄弟大小差不多，有的差距就十分明显。而且，有的在绕转的过程中，会发生像日食这样的现象，彼此间会有影响，使它们的亮度会发生周期性的变化，这样的星星被我们称为食双星或者食变星。

还有一种双星叫作密近双星，就是指两颗星好像重聚的亲人一样慢慢地靠近，或者是像飞信传书一样，有物质从一颗星星飞到另一颗星星上。

其实在宇宙中，这样的两兄弟数量很多，它们的种类和特征也很不一样。有的兄弟差不多，有的会比较重一些，有的颜色差不多，有的却截然不同。

可以说，双星为我们天文学的研究作出了很多的贡献，让我们发现了一些宇宙的奥秘。我们相信，随着对它们深入的研究，宇宙会展示出它新的一面。

最亮的恒星——天狼星

> 天空中的星星数不胜数，肉眼看到的是一幅画面，而拿起望远镜看的话又是另一幅画面。看着那些明亮的星星，我们情不自禁地想：谁是这里面最明亮的星星呢？

我们观察到的最亮的恒星就是天狼星。在讲星座故事的时候我们就已经谈到了大犬座，忠诚的大犬座鼻尖处有一颗十分明亮的星星，它就是著名的天狼星。

天狼星是一个双星系统，我们看到它明亮的光，那是属于主星的。天狼星的地位不容置疑，它是大犬座中最为明亮的星星，是一颗一等星。它出现的时间是在冬季和早春的上半夜，除了北纬73°以北，别的地方人们都可以看见它的影子。

天狼星呈现出白色，它的光度大约是太阳的20多倍，和它相比，伴星就不是那么显眼了，它的光度只有天狼星的万分之一。

我们来看看天狼星的伴星吧，它的名字叫作β星，是人类发现最早的一颗白矮星。它的光度实在是太暗了，用肉眼根本就看不到，和主星天狼星比起来，它显得太微小了。虽然这样，但它也有自己的特色，它的质量和密度都很高，体积和地球相似，但它的质量和太阳差不多！它的密度

❖ 天狼星

比水星足足大了 3 万倍！

其实在一开始的时候，人们并没有发现天狼星身边还有一个卑微的小兄弟。直到 1862 年，人们在观察天狼星的运行轨道时推算出它的身边会有一颗伴星，不过直到 1915 年，人们才找到了它。

❖ 天狼星

在古埃及人心目中天狼星不仅是亮星之王，而且还拥有着特殊的地位。埃及的文化十分古老，埃及人对天文的研究历史也十分漫长，埃及人的历法就开始于天狼星的偕日升那天。

天狼星的运行与古埃及人的生产活动密切相关。它在消失 170 天之后重现天空，这时恰是尼罗河泛滥初始，也就是春回大地的播种季节。

天狼星的这段消失和神话中的故事连接在了一起，据说天狼星消失在空中的 70 天，象征着索普代特和艾西斯度过埃及地府的日子。

■ Part4 第四章

红月亮、黑月亮和蓝月亮

月亮有 3 种颜色？听上去是不是觉得匪夷所思？其实并不是月亮有这 3 种颜色，而是我们观看它的地方和方式等产生了这样的错觉。

我们先来看一看"红月亮"吧。月亮会变红？这是不对的。月亮本身并没有变色，只是我们的视线被遮盖住了。要知道，工业的进步造成了环境的污染，尤其是在城市中，这样的污染更是严重。就像我们看夕阳偶尔也会是红的一样，月亮变红只是因为灰尘等改变了我们的视线。

那么，黑月亮是怎么回事呢？

其实在月全食的时候，月亮的表面温度和月亮进入地球本影的深度以及太阳的活动程度有关。而观测它们的时候，我们所在的位置和气候等也会对观测产生影响，这个时候，在极少数的情况下会产生黑月亮。

在月全食的时候，月亮的明亮程度也被分为 4 个等级，0 代表着几乎看不见。也就是黑月亮。其实

知识小链接

大范围的大火也可以导致蓝月亮的出现。让人印象比较深刻的是 1950 年 9 月，加拿大艾伯塔省发生了森林大火，导致了当晚北美洲东部和西欧出现了一晚上的蓝月亮。

◆ 红月亮

❖ 红月亮

黑月亮出现的几率实在是太小了，在二战以后，它只出现过 3 次，分别在 1963 年、1982 年和 1992 年。

黑月亮是怎样产生的呢？

其实它是火山的杰作。因为火山灰进入了平流层，从而削弱了波长比较长的阳光，它们原本应该折射到月球上，被削弱之后无法到达，月球没有了光线，自然就变得黑漆漆的。

有人在回忆黑月亮的时候说："如果你当时不知道月亮在哪，那你要找到它的话需要一点时间。"而历史上最为著名的一次黑月亮出现在 1761 年 5 月。那次月全食十分震撼人心，人们甚至用望远镜都无法看到月亮的影子，似乎它在和人们玩捉迷藏呢。

如此说来，黑月亮出现的概率要比日全食还要低呢！

讲完了红月亮和黑月亮，我们再去看看蓝月亮。这个名字听上去是不是很浪漫？其实月亮偶尔变

❖ 蓝月亮

成蓝色和火山分不开关系。和黑月亮差不多，波长比较长的光线被火山灰所拦截和分散，使只有波长比较短的蓝光进入我们的视野，所以月亮呈现出了蓝色的一面。

Part4 第四章

美丽的星云

> 我们已经不只一次地谈到了星云，它在宇宙中像一团团美丽的云朵一样，使整个宇宙美丽又浪漫。

星云是在什么时候被发现的呢？1758年8月28日晚上，法国的天文爱好者梅西耶在寻找彗星的时候突然发现恒星间有一块云雾状的斑块，它的位置没有变化，给人的感觉十分奇特。

梅西耶十分好奇，他觉得这块斑块没有位置变化，那么肯定不是彗星。他将这件事记录下来，并在1781年发表了出来。英国的天文学家威廉十分好奇，就花了很长时间去研究，最后他将这种云雾状的天体命名为星云。

什么是星云呢？星云是由气体和尘埃组成的像云雾状的天体。

一开始，人们把所有在宇宙中的云雾状天体都称作星云，但是随着时间的推移以及人们对天体认知的提高，把星云和星系、星团区分开来。

这里有很多的名字和定义。首先我们来说说星云的几种类型。传统上星云分为4种主要的类型，分别是电离

❖ 星云

神奇的宇宙奥秘

氢区、行星状星云、超新星残骸、暗星云。

电离氢区包括弥漫星云、亮星云和反射星云。一般来说，大多的星云都可以称为是弥漫星云，因为弥漫星云的定义比较广泛，它是扩散的，并没有特别明显的边界。

暗星云和弥漫星云有些相似，但是它并不发光，而且也没有光供它反射，这就意味着它是黑漆漆的。如果是这样，那么黑漆漆的暗星云是怎样被发现的呢？原来它有一个绝招，就是能够吸引和散射它身后的光线，这样的话，在明亮的银河中以及弥漫星云中就比较容易发现它的影子。

有一种星云和大行星有些相似，叫作行星状星云，不过可别被名字骗了，它和行星可是一点关系都没有。它的由来很特别，是低质量的恒星转化成白矮星时，由外壳抛出的气体从而形成的星云。听上去是不是有点不可思议？

行星状星云的外形有点像吐出的烟圈，中心是空的，不过一般来说会有一枚比较亮的恒星在星云的中央，它就是那颗正在变成白矮星的恒星。

还有一种十分特别的星云叫作超新星残骸，它和弥漫星云不同，它是恒星在最后阶段变成超新星的时候向外扩张形成的。

❖ 反射星云

❖ 发射星云

神奇的九星会聚奇观

电视上经常出现神奇的一幕，就是9颗行星连在了一起，然后产生巨大的能量。于是，地球上的某处，一个超人诞生了。

其实在宇宙中还有一个奇观，就是九星会聚，意思就是太阳系的八大行星和冥王星同时出现在了天空，像是9个多年不见的兄弟，欢乐地聚集在了一起，场面十分壮观。

这样的奇观在1982年3月10日出现过，9个星球同时运行到太阳的一侧，聚集在扇形面张角只有96°的范围内。

那不是唯一的一次，在当年的5月6日，9个兄弟再次出现欢腾聚首的壮观场面，这次聚会区扇形面张角为104°。

这样的奇观十分少见，所以为了纪念这难得的场景，国家还特意发行了一枚名为"九星会聚"的邮票，它也是我国邮政首次反映天文奇观的邮票。

不过，这样的奇观是怎样实现的呢？

我们知道，这9颗行星一直在围绕着太阳公转，大家的

> **知识小链接**
>
> 我国在历史上也曾有过行星会聚的记载，说汉高祖刘邦攻进咸阳的时候，天上有5颗明星照耀着。由此我们可知，在那时候，也就是公元前206年10月，曾经出现过行星会聚的场景，就算没有望远镜，只是用肉眼，人们就已经能看见那神奇而壮观的奇景。

❖ 九星会聚邮票

运行速度和轨道等都不一样，所以相聚在一起的概率特别低。从 17 世纪以来，这样的奇观也只出现过 3 次。但 1624 年和 1803 年各发生一次那时候海王星和冥王星还没有被我们发现，到 1982 年，九星会聚的壮观场景才最终出现。

❖ 土星

9 个兄弟是以怎样的顺序来参加这场聚会的呢？首先地球轨道外的几颗大行星率先到来，地球跟在土星的后面，显得有些腼腆，而最后到来的就是金星和水星。大家相聚之后，很快就分开了，第二天，水星先走了，金星也很快离开了这场聚会，再后来就是火星和地球，剩余的兄弟们也就很快分开，做自己的"事"去了。

天文学家们推算，要想再看见这样的胜景，要等到 2357 年！令人遗憾的是，冥王星现在已经不再属于太阳系行星，这也就意味着不会再出现九星会聚，出现的只会是八星会聚。

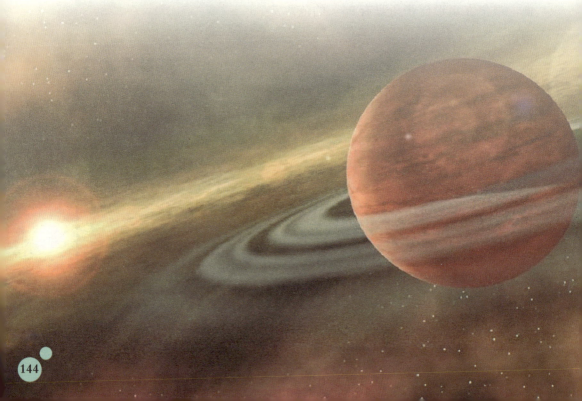

Part4 第四章

喷发雪风暴的**彗星**

喷发雪风暴？这听上去好像是科幻电影中的情节，不过在宇宙中，也确实有这样的景观。

这是一颗能喷发雪风暴的彗星，是美国航空航天局发现的，他们发现它的时候它正在不断地喷射出大量的冰屑，甚至一秒钟能喷出上百千克。关于它有个十分浪漫的描述，就是一个里面有雪花的水晶球。

美国的航空航天局发射了一颗探测器，它从这颗彗星的附近 700 千米处掠过，拍摄了一组照片。

经过对这组照片和这颗彗星的研究，科学家们说：彗星喷发出的水冰并不是因为太阳加热产生了水蒸气而喷发出来的，而是受到了二氧化碳的推动。

根据照片分析，科学家们认为这颗彗星上的二氧化碳来自于太阳系刚刚形成的时候，它不断喷出来的雪风暴其实是被二氧化碳气流喷射出来的水冰颗粒和尘粒，而且，这些颗粒实际上只是一些非常细小的松散冰屑。

这颗奇特的彗星是什么样的形态

◆ 彗星

❖ 彗星

呢？根据照片和探测器，我们发现，这颗彗星长约 1.2 千米，二氧化碳从它的两头喷出，而在它的腰部，放射出大量的水蒸气。在腰部并没有二氧化碳，所以冰屑自然无法被喷射出去，只好慢慢地变成了水蒸气。

这至少说明，这颗奇特的彗星中部二氧化碳的含量特别低，至于为什么没有，我们到现在还不知道。

对于探测来说，可能每一次得到的结果都一样，可能在某一时刻，我们只观察到它的一角，而观察的次数多了，它的庐山真面目才会显现出来。

航天局的这次探测得出的结果和 5 年前并不一样，5 年前的时候，彗星上也会喷出水蒸气，但是并没有冰屑。这至少说明这颗彗星的变化很复杂，在短短的 5 年内就改变了状态。

彗星太特别了，它的复杂性值得我们继续去探索。

Part4 第四章

金星凌日

在我们的视线中，最为明亮的就是太阳了，它最强的光线即使我们戴上墨镜也会感觉刺眼，不过，你有没有在看太阳的时候发现有一个小黑点慢慢移过？

没错，它就是金星。我们把刚才说到的现象称为"金星凌日"，也就是说，金星在那个时候运行到了地球和太阳之间，充当了暂时的"第三者"。这样的现象是怎么出现的呢？关于它还有多少是我们不知道的？

我们先从金星本身说起吧，它是一颗金黄色的行星，是天空中最明亮的星体。还记得我们说过的最明亮的恒星天狼星吗？金星的亮度相当于15颗天狼星。

在古代的时候我们也有关于金星的记载，我们给它的名字十分特别，叫作太白金星。是不是很耳熟？在电视剧中我们经常会听见呢。金星在早晨叫作"启明星"，在傍晚的时候就叫作"长庚星"。这也说明了古代的人们对于这颗星星十分尊敬，并且寄托了自己的感情。

◆ 金星凌日

在宇宙中，距离我们最近的行星就是金星，距离大概是4150万千米。我们有关于金星的一组数据：半径为6073千米，体积是地球的0.88倍，质量是地球的4/5，平均密度略小于地球。金星自转周期长达243天，所以说，金星上的一昼夜相当于地球上的 117 天。而金星的表面温度高达 447℃。

也正是因为它和地球十分相似，所以又被称为是地球的姐妹星。

我们来看看金星凌日的现象。早在 17 世纪的时候，天文学家哈雷就已经提到过这种现象，他认为金星凌日的时候，在地球上的两个地方写下金星穿越太阳的时间，就可以推算出太阳的视差。

不过，正像是没有等到哈雷彗星的再次到来一样，哈雷在有生之年也没有看到金星凌日的现象。

不过有人代替他去做了研究，当这个现象出现的时候，科学家们会对它进行详细的研究。在 19 世纪的时候，天文学家们推算出，太阳和地球的距离为 1.496 亿千米。

这样一个数字的得出要靠多少的科学家们去研究和探索，小科学家们，充满谜题的宇宙还在等待着你们去探索。

第五章
宇宙无穷的秘密

　　浩瀚的宇宙无边无际，它包含着数不尽的星辰和物质，任何一颗星星对于它来说似乎都显得不值一提。但也正是这些微小的物质和看起来不起眼的星星们构成了伟大的宇宙。

　　宇宙中，有太多的难题等着去解答，我们人类从几千年前就开始对宇宙进行探索，在未来也必将继续下去。

Part5 第五章

宇宙中存在其他生命吗

你喜欢看科幻片吗？有没有看过《外星人ET》？在导演的世界中，宇宙中存在着外星人，它们是宇宙中的生命体，和我们人类一样。

在宇宙中真的存在外星人吗？关于外星人的研究已经有了很长的历史，人们持有的意见也不相同，我们来看看历史上都有什么发现。

1877年，人们在火星首次探索到了"运河"，因为很难给出别的解释，所以人们觉得这是因为在火星上有生物存在。不过这个说法在1965年就证明是错误的，因为从火星上拍出的照片证实，火星上是没有生物存在的。

在1972年和1973年，美国的两颗探索卫星先后发射，它们需要飞跃木星和土星，拍到照片后再直接飞出太阳系。在这些卫星之上装备了"拜访卡"，如果遇见了智慧生命的话，自然会得到回应。

这张拜访卡足足有15米长，宽度为11米，上面刻着太阳系和临近脉冲星的相对应位置图。而且表示为了我们的友好，在拜访卡上面还雕刻着一男一女的图像，男的还在挥手致意。

在5年之后，美国再次发射了两艘太空船，它们同样会飞出太阳系。它们的上面不再有金牌，反而装载了密纹唱片。

在这两张特别的唱片里面，收录了各种音乐，还有着好几十种语言，它还附带着地

❖ 星团

❖ 火星远景

球上的一些照片。

到现在为止人们仍没有发现有生命存在的行星，所以有的科学家认为在宇宙中除了地球以外没有生命存在的星球。不过宇宙这么大，行星的数量实在是太多了，可能有数不尽的行星所处的环境和地球一样的，如果是这样的，肯定会有生命存在的。

不过怎样才能证明这是个事实呢？我们的科技还有限，没有办法去搜集这样条件的星球，不过我们已经向外太空发出了信息，等着它们给予我们回复。

和外太空的交流我们采取了很多的方式，其中无线电波算是比较简单的。它可以在宇宙中遨游，如果真的有外星人，只要它们能得到这些电波，就会知道我们发出的信息。

❖ 宇宙

而这样的电波是在什么时候发出的呢？又是什么样的内容呢？

1974 年，美国的一个天文台发出了一个射电信息，发射的目标是一个叫作梅西叶 13 的星团。

这是人类首次确定目标星团的发射，在这颗星团里面有 30 万颗恒星，肯定也会有很多的行星。

不过我们和那个星团的距离很远，另外我们发出的电波形式比较复杂，所以这个电波到达那个星团要花费 25,000 年的时间。假如那个星团真的有人存在，它们返回的信息也要通过 25,000 年才能到达地球。

所以说，这一来一回就要花费 5 万年的时间！

月球上有水吗

如果月球上有了水的存在，那太空旅行将会变得更加有实际意义。

人们从水中还可以分解出作为宇宙飞船燃料的氢和助燃的氧，同时对于在月球上寻找生命以及研究月球本身都有着极其重要的意义。因此，人们渴望能在月球上找到水。

自 1969 年 7 月，"阿波罗" 11 号宇宙飞船登月以来，"阿波罗"系列宇宙飞船已 6 次登月，并从月面上带来大量岩石标本。然而对这些岩石的分析表明，月球岩石中根本不含水分，于是，"月球上没有水"成了定论。

但美国天文学家对这一问题作出了挑战性的回答：月球上很可能有水。他认为在月球北极和南极的环形山中，有终年不见阳光的凹地，那里有可能蓄积着冰，而"阿波罗"宇宙飞船从没有到过那里。

科学家们研究了月球的有关资料发现：在月球赤道附近，月面温度正午时是 130℃，夜间降至零下 150℃，温差大得惊人。而在月球极地，温度经常在零下 200℃ 左右，在这种情况下，是有可能存在冰的。还有些科学家认为，如果月球与地球是以同样方式诞生的话，那么当初月球上也应该有水。

1998 年，美国太空总署发射了"月球勘探者"宇宙飞船，勘探月球的情况，宇宙飞船上的中子分光仪，可以用来勘探水或冰的存在。根据从宇宙飞船上收集回来的资料，科学家相信在月球的南北极蕴藏着大量水源，总量有 66 亿吨之多。

❖ 水球

参与研究的科学家，根据"月球勘探者"宇宙飞船传回的资料，初步估计应有 2.6 万亿~80 万亿加仑凝结的水在月球上，这相当于一个中等大小的湖。这些冰不太厚，散布在一大片土地上；约有 46,620 平方千米在北极，有 18,647 平方千米在南极。在两极的火山口，都存在凝结的冰。科学家相信，在过去的几百万年，有一些彗星，大部分是肮脏的雪球，撞向月球，把水带到了月球上。有些水早已蒸发，但有些留在两极的火山口，因温度低至零下 180℃，所以凝结成冰，留存下来。

知识小链接

在地球和月亮形成之初，月球的自转周期和公转周期并不相同，由于地球引力的影响，会在月球上引起固体潮汐现象，慢慢消耗了相对于地球旋转的能量，最终只能相对于地球平动了。实际上，月球的引力在地球上造成了潮汐，也一直在减缓地球自转的速度，很久以后，我们的一天将是 25 个小时以上。终有一天，我们在月球上看地球，也只能看到一面了。

为了证实月球上是否存在水资源，美国国家航空航天局准备在今后的几年内发射一颗月球极轨道卫星，这颗卫星将使用伽马射线分光计，来考察月球两极是否有冰及其他物质。日本的宇宙科学研究所，也希望尽量发射自己的月球极轨道卫星，实现月球探查计划。

月球上有水吗？也许只有月球极轨道卫星才能带来真正的答案。

❖ 月球表面

什么是"煎蛋星云"

喜欢吃煎鸡蛋吗？在宇宙中也有像煎蛋一样的星云呢，特殊的外表使得它备受瞩目。

煎蛋星云的外表就像名字说的一样，像是一个扁平的煎鸡蛋。在一颗星球的周围有一圈环绕着的星云，它的大小和形状都像极了煎鸡蛋。

煎蛋星云的发现已经有很长的历史了，它是由英国曼彻斯特大学的天文学家发现的。

煎蛋星云的"蛋黄"，其实也就是中间的那颗恒星，它和地球的距离大概是 1.3 万光年，而且有一个数据十分让人吃惊，它是一颗特超巨星，是不是觉得太阳很大，这颗恒星的大小可是相当于 1000 个太阳呢！

煎蛋星云的面积十分大，它的直径很大，差不多相当于地球和太阳间距离的 10,000 倍！如果把煎蛋星云放在我们太阳系中，那么地球的位置就在蛋黄中，而木星就在蛋黄的表面，蛋白的部分就更大了，几乎包含住了整个太阳系。

这颗星星的光度和大小一样让人震惊，不过它和地球的距离实在是太远了，所以在我们看来，它的光并不是那么强烈，对我们的地球也没有什么影响。

其实，根据科学家的说法，这颗恒星现在处在一个十分特别的阶段，就是演变成一次超新星爆炸的过程，所以说在这个时候观测到它，是一个十分好的机遇。要知道，这个时候的恒星正在向外喷发外层物质呢。

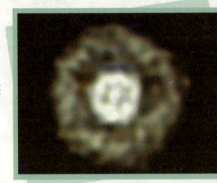

Part5 第五章

神秘隧道是否存在

天文爱好者们特别喜欢钻研天空中带有神秘色彩的东西，而神秘隧道就是其中之一。什么是神秘隧道？它在什么时候出现过？它又是怎样形成的？

其实神秘隧道已经出现有几十次了，我们来看看在历史上它都在什么时候出现过。

在二战的时候，太平洋战役持续的时间很长，在这段时间内，神秘隧道就曾经进入人们的视野。

那时候，美国的战舰被日本的潜艇击沉，美国的海军部收到了幸存士兵的求救信号，于是连忙派出飞机和营救舰队去寻找，但找了好久都没有看到他们的影子。

但是到了 1991 年，也就是几十年之后，菲律宾的一个小岛上，人们竟然发现了 5 个幸存者！而且让人吃惊的是，他们的模样还是几十年前年轻的样子！

这一发现让世界为之震惊。美国当局感到十分吃惊，而且也十分疑惑。是的，那艘船还是几十年前的样子，而那些人也都依然年轻，在他们的回忆中，他们只是在海上漂流了一天一夜！

这是怎么回事？为什么几十年的时间在他们身上没有留下痕迹？还是说，他们真的只是

❖宇宙

度过了一天时间？

到现在为止，好像只有一个理由可以解释，也就是天文学家梅西坚斯的观点：他们闯入了一个"时空隧道"，几十年后复出人间，却不知道已经过去几十年了。

知识小链接

黑洞是超级致密天体，它的体积趋向于零而密度无穷大，由于具有强大的吸引力，物体只要进入离这个点一定距离的范围内，就会被吸收掉，连光线也不例外。黑洞吸进物质时会发射出 X 射线。

这样的案例并不是只有几件，它们足够让科学家们困扰一段时间了。在经过分析之后，科学家和天文学家通过很多的方式、举出了很多的例子都很难解释。关于时光隧道，有人说它是存在在宇宙中的反物质，也有的人认为时光隧道和宇宙中的黑洞有关。

黑洞的说法比较具体一点，就是说黑洞是一个人眼看不见的世界，一旦有东西被吸进去，就什么都不知道了，而当人再次出来的时候，只能想起被吸进之前的事。所以，历史上很多失踪的人和船只、飞机等都可以用这个学说来解释。

这样听上去好像有些道理，不过也有很多人持反对态度，因为在他们看来，黑洞只是人们想象出来的东西，而且在学说中，黑洞只会吞进东西，不会再释放出来，也就是说，

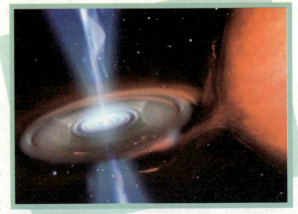

❋ 黑洞

被吞进去的东西不会再重见天日，那么它和这个案例也就有了冲突之处。

时光隧道是大家很热衷的话题，关于它，我们有太多的问题，太多的疑惑，而想要去解开它，不仅需要机遇，也需要很长的时间。

Part5 第五章

宇宙中的"引力幽灵"是什么

有没有看过关于幽灵的电影？里面那些虚幻的影子有没有吓到你？宇宙中也有这样神秘的"幽灵"，你知道吗？

在宇宙中有一个"大引力体"干扰着哈勃流，它被我们称为"引力幽灵"，既然是幽灵，它是怎样被我们发现的呢？这个要从哈勃流开始说起。

哈勃和米尔顿·修默生经过 10 年的天文研究，在 1929 年公布了一条定律，就是哈勃定律。在宇宙研究中，哈勃定律成为宇宙膨胀理论的基础，宇宙中遥远星系光线的红移与它们的距离成正比，这是物理宇宙论的陈述。

而后人为了纪念哈勃做出的贡献，就把按照哈勃定律运行的星系成为哈勃流。

❖ 哈勃

发现"幽灵"是在 20 世纪 60 年代后期，那时候科学家在观察椭圆星系的时候发现有一个十分神秘的"大引力体"正干扰着哈勃流，影响着它们的正常运行轨迹。

这个"大引力体"是什么？这个问题暂时把天文学家们难住了，于是他们开始分析，这个"大引力体"距离长蛇座 - 半人马座超星系团外 5 亿光年的地方，而长蛇座距离地球差不多有 1.05 亿光年。

天文学家们进行了推测，我们的银河

❖ 哈勃流

系大概以每秒 170 千米的速度靠近室女星系团的中心，之所以有这样的运动，就是受这个"幽灵"的影响。而且，不仅是我们，就连我们身边的星系也受着"幽灵"的影响，被慢慢地吸引过去，听上去是不是有点恐怖？

在大家的推测中，这个"幽灵"的面积很大，它直径差不多有 2.6 亿光年，也就是说，它足足有 31,016 个太阳那么大呢！

这个神秘的"幽灵"是不是和科学家们推测的一样呢？有的科学家并不认可。伦敦大学的天文学家们拍下了系列星座的照片，这些照片都证明了一点——已探测到的星系比我们预料的要大得多。

也就是说，并没有什么幽灵，恒星们之所以会被牵引其实是受星系中物质的影响而已。

到底宇宙中有没有这样神秘的幽灵？大家各持己见，看来要解决它，还需要一些时间。

❖ "哈勃" 17 年船底座星云全景

Part5 第五章

太阳系又发现新的天体

不久前，英美科学家们意外地发现，很久以前发射的"先锋10号"宇宙探测器竟给他们带来一个让人无法相信的事实：一个新的天体正围绕太阳运行。

"先锋10号"于1972年3月发射升空，它是第一个要穿过火星及木星间小行星带并飞向遥远太空的探测器。不过天文学家并没有推测出，它是否可以顺利闯过这一地段。

"先锋10号"飞行25年之后，尽管它仍在发回信息，美国宇航局还是于1997年暂停了对它的监控。

早在1992年12月8日，那时"先锋10号"已飞离地球84亿千米，该天文小组就发现探测器的飞行轨道发生了变化，他们一直在探测这一现象，希望找到什么新的东西。直到最近，将"先锋10号"发回的数据经过多方面的分析研究之后，他们才确定了自己的推论——太阳系又有了新的天体。

在几个星期之中，他们希望研究出此天体可能达到的最远距离以及具体位置。他们初步推断，此天体是在撞上一个大行星后而被抛到太阳系边缘的。该天文小组的一位英国

❖ 茫茫宇宙

博士说："我们对这一发现兴奋至极，它称得上是天文学上一个极好的标志性事件。"

据称，这一天体可能是人类已知的，茫茫宇宙中数百个围绕太阳运行的天体之一，它们多数是由冰和岩石构成，而且离冥王星很远。这些天体在行星大家族中并不起眼，直径仅有几百千米，但天文学家相信，有几百万个这种小行星围绕太阳运行，并形成一条庞大的"星带"。1992年，天文学家首次发现了这类天体。

知识小链接

2012年10月28日，亚洲最大的全方位可转动射电望远镜在上海天文台正式落成。这台射电望远镜的综合性能排名亚洲第一、世界第四，能够观测100多亿光年以外的天体，将参与我国探月工程及各项深空探测。

观测者们还没亲眼见到这一天体，但他们坚信这一天体的存在，因为"先锋10号"的轨道因它发生了偏差。

假如这一发现成为事实，那它将成为因引力的原因而被发现的太阳系中的第二颗行星。第一次是1846年海王星的发现：科学家在1787年发现了天王星，后来发现天王星的轨道非常特别，进而发现了对天王星具有引力的海王星。

这颗新星的发现者是英美天文学家组成的研究小组，它是所谓的"柯伊伯带"天体的可能性非常大。而"先锋10号"的轨道数据则来自于美国宇航局"深度空间"网络，这一网络由一系列大型射电望远镜构成，目的是为了探测太空深远处的秘密。

Part5 第五章

月球的背面是什么样子的

你是否端起望远镜观察过月球？是不是观察到的图像都差不多？其实，月球也是一个害羞的妹妹，她展示给我们的永远都是正面，那么，她的背面是什么呢？

正是因为不知道，所以我们充满了好奇。在 20 世纪 50 年代开始，有无数的卫星和飞船们带回了照片和物质，为我们全面地认识月球做出了很好的帮助。

月球那一面究竟是怎么样的？很多人猜测着。有人说，月球的那一面重力比较大，可能有水和空气。也有人说，月球的那一面有很多环形山。还有的人说月球上可能和地球上一样，有海洋也有大陆，而且也像地球一样，北半球的大陆多，南半球的海洋多。

随着科技的进步，我们对于月球的研究已经不需要单独地猜测了，它变得理性而客观。

最早对地球做科学的研究是在 1959 年，苏联发射的"月球 1 号"卫星，从地球一路飞到了月球，并且在这个过程中测量了月球磁场、宇宙射线等数据，这些数据无疑开启了一个里程碑，使人们开始对月球有了一个较全面而详细的认识。

同一年，苏联再次发射了一个探测器，就是有名的"月球 3 号"，它成功地拍摄

❖ 月球

到了人类历史上第一张月球背面的照片。从此，揭开了这个困扰我们千年的奥秘。

❖ 月球

从照片上可以看出，月球的背面和正面差不多，在它的上面，并没有海洋，不过确实有着不少的山，整体颜色比正面要红一点。

我们已经知道了，在月球的背面有很多的山，而且几十年过去了，那些山也分别有了名字，都是为了纪念伟人的一些名字，包括牛顿、哥白尼，当然也有用中国的伟人命名的山，比如说张衡、祖冲之、郭守敬。

在对于这些山明了的时候，我们又出现了新的疑问，那就是：这些山是怎样形成的呢？

人们给出了很多的回答，不过迄今为止听上去比较合理的只有两个。

第一个是这样的：在月球刚刚形成的时候，它的内部熔岩特别高，就像地球一样，所以它喷薄而出，威力很强，慢慢地，它们就堆积了起来，形成了一座又一座的环形山。

而第二种说法是因为流星体的撞击。在大概 30 亿年

❖ 月球

前的时候，空间内的陨星体很多，而那个时候的月球处于半熔岩状态。当两者相碰的时候，月球上迸溅出的岩石和土壤等就堆积成了环形山，要知道，在月球上面是没有风雨冲刷的，所以它们可以堆积得比较高。

不过这些真的是月亮上环形山的形成原因吗？听上去好像有些道理，这些学说的正确性恐怕需要靠历史去证明。

Part5 第五章

火星上有生命吗

有没有看过一部科幻片叫作《火星人闯地球》？里面的外星人着实让人咋舌，一部小小的手枪就可以把一个人烧为灰烬。不过在火星上真的有外星人吗？

我们为什么会问这个问题呢，为什么单单挑上了火星呢？因为在八大行星中，火星可以说是和地球最为相似的，它足够我们去幻想。

毕竟，这个宇宙太大了，存在着无数的可能性。

我们把视线放到火星上。随着时间的推移和科技的进步，我们对于火星越来越了解。我们对于它充满了期待。

火星的外表可以用伤痕累累来形容，不过外表并不能决定一切，在它的下面也许真的有生命存在呢，至少有很多科学家是这样想的。

火星上有生命？有的科学家并不认可，在他们看来，火星可能有过一段时间的"繁荣期"，但是到了现在，这个可能性是很低的。

◆ 火星

问题依然存在，人们的争执也在继续。究竟火星上有没有生命？这个问题促使着人们去做更多的研究和调查。

要知道，在太阳系中，八大行星上面都有生命存在所需要的基本元素，但是都缺少了一种，就是十分关键的水。科学家派出了飞船等去考察火星，不过几次下来都没有发现火星有生命存在的迹象。

我们先看看历史上对于火星都有过什么样的研究吧。

早在18世纪末，天文学家们就用望远镜观察过火星，他们发现在火星的表面有很多的黑色线条，于是人们说："这是火星人开凿出来的运河。"

1965年7月，美国的探测器从火星上发回了22张珍贵的火星照片。

1975年9月，美国再次发射了一颗探测器，它围绕着火星运行，并在1976年9月顺利登上了火星。这颗探测器在火星上进行了土壤的观察实验，发现在土壤中没有有机物，当然也就不会有智慧生命存在了。

那么，那些所谓的"运河"到底是什么呢？1977年，美国的一艘飞船进入了火星的飞行轨道，发回来的照片显示，那些"运河"其实只是一串暗色的环形山。

所以说，"运河"的说法破灭了。但是令人惊喜的是，照片上显示出火星上存在着枯水河流和小岛等。如果火星上没有生命，那么它们又是怎样出现的呢？

◆ 火星实景照

科学家们分析，可能在很久以前，也就是30亿或者是40亿年前，火星是一颗十分美丽的星球，那个时候的它有水的存在，并且气候也比较温和，甚至可能有微生物等的存在。而到了20亿年前，火星突然间发生了变化，大气层开始逐渐减少，水也全部蒸发了，它的外表温度也开始降低。于是在这样恶劣的条件下，生命全部消失了。

如果火星真的具备生命存在的条件，最好

的测试方法就是去把生命放在同等条件下观察。于是美国的科学家设计出了这样一个容器，它内部的条件和火星上基本类似。他们把一些微生物放了进去，让它们在里面自由地生长。

❖ 火星

实验的结果也让人惊喜，科学家们认为在这样的一个环境中，依然有生命存在的可能性。

时间慢慢地推移，到了 20 世纪 90 年代，科学家们在南极发现了一颗来自火星的陨石。

经过对这颗陨石的实验，科学家们发现这颗陨石含有微生物化石痕迹，这可太令人震惊了，因为这表明生命比我们想象的要坚强得多。虽然说火星的生存条件十分苛刻，但是陨石表明，生命迹象在火星上存在着。

既然找到了这个方向，那么继续探索下去就很有必要。不过遗憾的是，人们发现这条路走不通。于是，追踪微生物的脚步就停了下来，转而去调查火星上水的影子。

水是力量和生命的源泉，这句话一点不假，如果没有水，那么生命是很难存在的。火星上面的温度很低，一般来说平

❖ 火星快车拍摄到的火星表面

均温度在零下 23℃。在这样的温度下面，氧气和氮气等就会比较少。而且在这样的温度下，水不会以液态的状态存在。

在 2004 年的时候，美国的飞船在火星开始了探索水的旅程，它们在一块岩石中发现它的硫酸盐含量很高，这也就意味着这里曾经可能是咸海。不过，飞船在这里并没有找到水的影子。

❖ 火星登录车发回地球的高清火星

水是生命存在的很基本的条件，虽然没有在火星上发现水，但是科学家们依然相信在那里有过生命存在。而且，即使现在没有了水，也可能有独特的生命体存在着。

火星和地球的关系似乎也被人们所重视。在很久以前，火星和地球也可能有过交集。就像现在火星的陨石会落在地球上一样，在很久以前，地球的碎片等也可能到过火星。

比如说那时候的火星是有生命存在的，那么生命结构十分简单的孢子等

❖ NASA 公布火星表面高清全景图

可能就随着陨石等来到了地球，带给了地球生命，这些看起来不起眼的孢子就在地球上生根发芽，一直繁衍到了现在。

而火星则因为环境因素的变化失去了生命存在所需要的条件，时间过去了，它就变成了现在这个样子。

我们来看看谈到的微生物和孢子吧，它们存在的条件其实并不需要多么优越，甚至说在十

分苛刻的条件下，它们也能存活。

在地球上有琥珀的存在，而在里面可能有微生物等的存在，科学家们进行了研究，发现有的微生物生命历史在 1 亿年以上。

也就是说，这样特殊的生命体，在环境不合适的时候会选择休眠，永久地睡下去，而一旦有合适的条件，它们就会苏醒过来。

火星上是不是依然存在着这样的微生物呢？它的上面还有没有生命存在？看来要解决这个问题，还需要一段时间。

❖ 火星

❖ 从火卫一上看到的火星

Part5 第五章

什么是开普勒三大定律

什么是开普勒定律呢？简单地说，它就是行星的运动定律。

开普勒定律的名字是根据德国的一位名叫开普勒的天文学家命名的，因为他对于天文界做出了十分重要的贡献，为了纪念他，我们把行星运动的定律叫作开普勒三大定律。

第一条，它被称为椭圆轨道定律。也就是说太阳系每一颗行星都绕着一个椭圆形的轨迹运动着，而太阳就是它们的中心焦点。

第二条，被称作面积定律。意思就是说，在相等的时间间隔内，太阳和各大行星的连线所扫过的面积是相等的。

第三条，也被称为是调和定律。也就是说各个行星绕着太阳公转的周期的平方和它们的椭圆形轨道的半长轴的立方成正比。

其实这3条定律花费了很长时间的研究才得出来的呢。我们看看开普勒都做了哪些研究吧。

开普勒曾经是十分有名的天文学家第谷·布拉赫的助手，他研究宇宙有很长的历史，并且做了十分细致的归纳和记载，当他去世以后，这些东西并没有浪费掉，开普勒继承了它们，并且在推算的时候加入了数学。

开普勒对于火星的研究最严谨，因为火星不按常理出牌，它

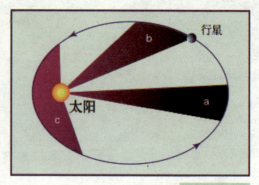

行星

太阳

b

a

c

❖ 椭圆轨道定律

似乎和别的行星不一样，不过开普勒并没有放弃，仔细地研究它，发现它的运行轨迹和其他的行星是一样的。于是，第一条定律就这样诞生了。

❖ 开普勒

第二定律又是怎样出现的呢？火星的运动实在让开普勒伤透了脑筋，因为它的运行轨迹并不是那么匀称，像是一个调皮的小孩子一样。开普勒经过研究以后，断定在相等的时间内，太阳和各个行星的连接所扫出来的面积是相等的，这就是第二定律。

开普勒大约花费了9年的时间，钻研行星轨道的平均距离和运轨周期，终于得出了第三定律。

❖ 开普勒定律

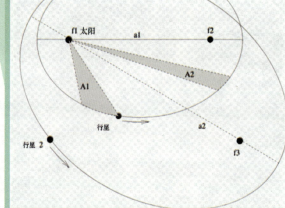

可以说，很多事情贵在坚持。开普勒花费了很多的时间和精力，终于得出了宝贵的三大定律。这三大定律可以说是天文界的一次革命，充满了创意和无畏，也将天文和数学结合在了一起，不能不说是大胆的创新。

Part5 第五章

恒星在移动吗

太阳东升西落，这是因为太阳在动吗？显然不是的，这是地球的自转造成的，不过，像太阳这样的恒星有没有在运动呢？

在很久以前，人们以为太阳在绕着地球运动，这很明显是不对的，而在往后一点，人们知道了地球自转，却认为太阳是宇宙的中心，它是不动的。直到 1718 年。英国的天文学家哈雷才提出"恒星不恒"的说法，意思是恒星也是在运动着的。

哈雷的学说在不久以后就被证明是正确的。不过，人们是怎样发现的呢？

因为恒星和我们之间的谱线波长发生了变化，这也就意味着太阳也在变化。当恒星和我们的距离比较近的时候，光的波长就比较小，当距离变长的时候，波长就会变长。

❖ 恒星

恒星本身在运动，这样的运动叫作本动。太阳本动的速度是每秒 19.7 千米，天狼星的速度是每秒 8 千米，而且是向着地球进发的，织女星则是每秒 14 千米，牛郎星它的速度可以达到每秒 26 千米。

不同的恒星的本动速度也不同。在银河系中，恒星们除了本动以外，还在做着别的运动，就是围绕着银河系的中心在旋转，和地球的公转有些类似。

❖ 哈雷雕像

你可能有疑问了吧，既然它们都在运动着，而且速度还那么快，为什么在我们的眼里，它们却是不动的呢？

很简单，原因就是它们和我们的距离实在是太远了。

比如，织女星和我们的距离差不多有 26 光年。相距这么远的距离，如果没有好的仪器，观察起来是十分困难的，而且发现它们在运动也很难。

就像是麻雀在我们的眼前飞过，我们会觉得很快，而飞机以更快的速度飞行，我们却觉得它的速度很慢，这正是因为距离的远近造成的。

我们不知道宇宙到底有多大，只能用无边无际和无穷无尽这样的词来表示。在宇宙中，恒星在做着不同的运动，只是距离太远我们看不见罢了。

Part5 第五章

月海是怎么回事

17 世纪时意大利著名的物理学家和天文学家伽利略第一次发现了月球表面有很多阴暗的区域，如同地球上的海洋一般。

但这个取名叫"月海"的地方，却一滴水也没有。月球表面共有 22 个大小不一的月海，向着地球的那部分月海约占月球正面面积的 40％，而背着地球的 3 个月海仅占月球背面的 2.5％。这么多奇妙的月海究竟是如何形成的？这个问题一直困扰着人们。

❖ 月球上大大小小的月海

有的研究人员提出了"火山活动说"。他们认为月海熔岩是火山活动中从月球内部喷流出来的进而形成了月海。可是，天体物理学家经过观测和精密的计算，认为月球火山不可能发生如此大的熔岩喷发，何况科学家至今还没有找到把如此众多的熔岩从月球内部输运到月球表面上的通道。

有的人提出了"撞击熔化

❖ 人类探月计划

说"，认为月海是由陨石、小行星或彗星撞击月球面时造成的极高温度形成的。但此学说似乎不能成立，如果是陨石轰击而成，那么月海在月面的分布应该几乎是均匀的，可现在的月海根本看不出任何撞击后的痕迹。

在上述假说解释不通的

情况下，一些科学家采纳了"特殊火山活动"假说，即认为通过人工控制的某种放射性能源在月球表面上造成火山活动。科学家对月岩的分析中已经发现了某种"智能生物"活动的痕迹，因为在月岩中有真正的纯金属颗粒，这又是一个不解之谜。几乎所有的科学实验表明，在星球自然演变的过程中是不可能形成纯金属状态的。而且现在发现的纯铁颗粒是不锈铁，说明它在形成时曾经过脱硫、脱磷的工艺，这在铁的自然形成过程中是办不到的。

那么，月海究竟是谁的杰作呢？这个奥秘至今还没有人能够解开。

Part5 第五章

陨石是从哪里来的

陨石是什么呢？它是地球的客人，它来自于太空中不同的地方。现在，我们就一起去看看这些客人来自哪里。

其实，很多的行星都有着属于自己的行星带，这些行星带由很多的陨石组成，而来到地球的，大多数都是它们。

陨石还有一个很好听的名字，叫作陨星。它们的元素结构一般来说都是地球上不常见的，所以说来到地球的它们有着十分高的科研价值。

知识小链接

陨石不是自空间降落于地球表面的大流星体。因为陨石与地球岩石非常相似，所以一般较难辨别。除肉眼难见的微陨星外，92% 以上都以石质为主。

其实，每年来到地球的陨石差不多有 2 万多块，它们的质量原本可能很大，但是在进入大气层的时候被摩擦消亡，变得比较小，整体的质量差不多有 20 多吨。

一般来说，多数的陨石坠落到地球上的位置都比较偏僻，像是树林、旷野之类的地方，要寻找它们还真的有一定的难度，也正是因为这样，我们每年实际收集起来的只有几十块而已。

陨石们各不相同，不管是颜色、体积、质量还是成分结构等，都是不一样的。不过我们依然对它们进行了分类，分别是石陨石、铁陨石和石铁陨石。

石陨石的主要成分是硅酸盐，这样的陨石占多数。世界上最大的

❖ 陨石

一颗石陨石就坠落在我国的吉林。那是在1976年3月8日，天空突然降下了一场陨石雨，之后人们就发现了这一颗重达1770千克的石陨石。

铁陨石的构造成分和石陨石有着很大的不同，它包括铁、镍和硅酸盐矿物。这一类的陨石所占的数量比较少，差不多只有1.2%，物以稀为贵，所以说它的商业价值是最高的。

而在石铁陨石里，数量最多的就是普通球粒陨石，它是太阳系内最为原始的物质，是直接从星云里凝聚出来的。

陨石们千里迢迢地来到地球，带来了宇宙中很多的信息，它们的成分告诉了我们太阳系内物质的成分，简直是活的成分表。而且，它们也告诉了我们太阳系天体的形成演化等。

❖ 陨石球粒

那么，它们是怎样到地球来做客的呢？那要先从它们的位置说起。它们在火星和木星之间的一条小行星带上，有时候它们之间会发生碰撞等，于是它们就会脱离原来的轨道，误打误撞地来到地球。在经过大气层的时候，它们会燃烧，产生光和热，就会变成流星。

而没有全部消失的流星体就会坠落在地球上，也就是我们现在看到的陨石。

Part5 第五章

冥王星为什么被"抛弃"

还记不记得冥王星？它当年也是太阳系内赫赫有名的大行星之一呢！可惜好景不长，就在几年前，它被"抛弃"了。

1930 年，人们观测出了冥王星，认为它的存在很重要，将它列为太阳系九大行星之一。但是 70 多年来，这颗可怜的行星一直备受质疑。

可以说，太阳系内的大行星们都十分壮观，和其余八大行星比起来，这颗冥王星显得很可怜。首先，它很小，甚至比其他行星的卫星还要小。而且，十分要命的一点就是冥王星的引力不足以改变其他行星的运行轨迹。

这样一来，冥王星没有满足大家的期望，有种被冷落的感觉。

而且冥王星的运动轨迹和其余的几位"大哥"很不一样，其余的行星轨道比较一致，而冥王星就偏离了很多。八大行星的轨道几乎是完美的椭圆，而冥王星的轨道则是有点扁的椭圆形。

❖ 冥王星

一项项的数据表明，冥王星太可疑了。它根本就不是行星，只是人们盲目地将它放了进来。他们认为，在太阳系内应该只有八颗行星，但不管怎么说，人们还是不太愿意放弃冥王星这个"小弟"。

时间总能证明一切，1951 年，美国科学家柯伊伯提出，在太阳系的外围可能有一大群小天体绕着太阳在

❖ 冥王星

运行。

　　这一说法好像有点冒险，但是在 40 年之后，也就是 1992 年，柯伊伯的说法变成了事实。人们真的发现了行星带，于是称它们为柯伊伯带。根据估算，柯伊伯带中可能有 7 万多个天体，到现在为止，人们已经发现几百个了。让人吃惊的是，在这些天体中，有的甚至比冥王星还要大。

　　这样一来，冥王星也就显得更加尴尬。也就是说，在那片区域，我们原本以为只有冥王星一个，但其实那里有成千上万的天体，冥王星被众多的天体淹没了。

　　可怜的冥王星甚至还比不上谷神星在小行星带的地位。如果两者之间一定要比较的话，就是说谷神星是老大，而冥王星只能算是老二了，冥王星之所以被发现得早是因为它反射阳光的能力很强。除此之外，人们想不出这位小弟还有什么特别之处。

❖ "新视野"探测冥王星

❖ 冥王星上的天际和地平线

争论十分激烈，国际天文学联合大会终于做出了决定，将冥王星和其余八大行星的称号区别开，也就是说，冥王星以后不再是九大行星的一员，可怜的它被安排成了"矮行星"。

九大行星就这样变成了八大行星，可怜的冥王星几十年的称号就这样被摘掉了，这让很多人难以接受。一颗小小的行星在宇宙中遨游着，像是被它的兄弟们抛弃了一样。

❖ 冥王星失去行星地位

但不管怎么说，这位"小弟"的存在是我们对于宇宙研究的一个进步，它在这段历史内充当了十分重要的角色，即使它离开了，我们也依然会记得它。

Part5 第五章

宇宙最冷之地

布莫让星云是宇宙中最冷之地，温度只有零下272℃，只比绝对零度高1℃。

这个极度寒冷的行星状星云座位于半人马星座，距地球5000光年。布莫让星云无疑是宇宙中最奇特的区域之一。1995年，天文学家萨哈和尼曼利用位于瑞典的15米口径亚毫米波射电望远镜发现了这个目前已知的宇宙中最冷之地。这个星云的温度只有零下272℃，只比绝对零度高1℃。甚至宇宙大爆炸产生的背景光温度也比布莫让星云要高，前者的温度为零下270℃。所以布莫让星云成为已知的唯一一个温度低于背景辐射的天体。

从外形上看，布莫让星云像是一个蝴蝶领结，由速度达到每小时31万英里(约合每小时50万千米)的强风所致。在强风的

知识小链接

1694年海更斯看到并描述了猎户星座中的一个明亮的模糊区域。它看上去像一片发光的云，后来被称为星云。星云是一个巨大的由尘埃和气体组成的云状物，其主要成分是氢气。简单来说，可分为4类：发射星云、反射星云、暗黑星云及行星状星云。

吹动下，超冷气体远离濒死的中央恒星。在绝对零度条件下，所有的原子都会冻结。布莫让星云是一个相对年轻的行星状星云，它一边不断地膨胀，一边耗尽能量，产生冷却效果，从而使自身温度保持在比周围温度还低的水平。

布莫让星云如果是台冰箱的话，把需要冷冻的东西放在这里再合适不过了。绝对零度是指原子绝对静止的温度，为零下 273.15℃。物体的温度实际上就是原子在物体内部的运动。当我们感到一个物体比较热的时候，就意味着它的原子在快速运动；当我们感到一个物体比较冷的时候，则意味着其内部的原子运动速度较慢。然而，绝对零度永远无法达到，只可无限逼近。所以布莫让星云无疑是宇宙中已知最冷的地方了。

Part5 第五章

太阳系稳定吗

在做一个模型的时候，我们会担心一个问题：它稳定吗？它会不会坏掉呢？其实对于太阳系，我们也有着相同的问题。

太阳系是我们赖以生存的大环境，它的稳定系数直接影响着我们。纵观历史会发现，在宇宙中有很多次的爆发和膨胀等，在太阳系中也有着行星们之间的碰撞，也有的物质被撞得脱离了原本的轨道，被踢出了太阳系。

那么我们的地球安全吗？

我们知道，行星们大都有自己的引力，但是这点引力对于吸引别的大行星来说是不可能的。太阳是太阳系的中心，别的行星都是围绕着这个中心旋转，在这样一个环境中，很难出现破坏平衡的条件。

在宇宙中，不确定的因素有哪些？小行星、太阳辐射和太阳风等会引发动量损失，太阳风对于行星会有一定的拖拽力量，而银河系的潮汐作用和其他恒星，都会或多或少地造成一些影响。

不过，这些会对我们的环境有大的冲击吗？

在 2009 年的时候，两位天文学家进行了一个庞大的研究，包括2501 组太阳系详细模拟。这些模拟包含了各种各样的细节，可以说，它

❖ 太阳系的组成

❖ 神奇美丽的太阳系

们涵盖的内容在历史上都是独一无二的。

在这些模拟中，他们证明了以前很多正确的理论，包括爱因斯坦的广义相对论，水星和火星因为各种原因而导致的偏移角度也被估算了出来。

可以说，太阳系这个看起来比较平衡的系统终有一天是会改变的，但是这个时间十分漫长，根据推测，它会发生在 5000 万年以后。

❖ 太阳系行星

在太阳系中，每一颗行星的运行速度和轨道都是不一样的，大家的寿命也都不同，当太阳在 60 亿年后到达生命的终点，行星们该何去何从呢？

这个时间对于我们人类的生命来说实在是太漫长了，我们唯一的答案就是，太阳系在短时间内会保持现在的平衡状态。

Part5 第五章

为什么**太阳耀斑**总是出现

你有没有关注过太阳？在它的光并不是那么强烈的时候，你有没有试着去观察它？

太阳也会给人们开玩笑，搞恶作剧，在历史上就有一次。那是在第二次世界大战的时候，德国的一位将领得到了命令，他立刻赶到电台，希望写下这重要的命令。但是就在他准备写下的时候，耳机里突然出现了一片噪音，也正是因为这个巧合，他没能得到命令，自然也就没有出兵。

正是因为这次失误，导致了前方部队的失败。这位将领被送上了军事法庭，并且被判处了死刑，在行刑前，他绝望地喊着："冤枉！冤枉！"

很久以后，人们才知道，导致那次失败的原因并不是那位可怜的将领的失误，而是太阳捣的鬼。

历史上还有一件事和太阳有关，两位英国的天文学家在观察太阳的时候发现在太阳表面的黑子群旁边有很多大片大片的耀眼光芒，它们慢慢地掠过了黑子群，然后变得微弱。

其实，这就是耀斑。

耀斑所发生的次数并不是很多，它只会在太阳活动高峰期的时候出现，而且持续的时间也不会太长，大概只有几分钟的时间，最长的也不过才几个

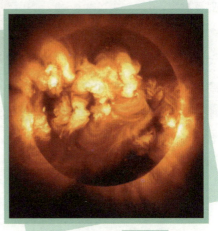

❖ 太阳耀斑

太阳耀斑，此照片由 SOHO 卫星拍摄

小时。

虽然说时间很短，但是不要小看耀斑的威力，一个特大的耀斑所散发出来的能量大概相当于百亿颗百万吨级氢弹爆炸的总能量。

是不是被这个数字吓倒了？

其实，耀斑只是太阳活动现象的一种，除了它之外还有谱斑和光斑。

我们来看看它们的详细资料，谱斑出现在色球中，光斑出现在光球上，色球上偶尔也会有它的踪迹。其实它们是一种，不过是因为它们的位置不同而已。

和耀斑类似，它们产生的能量也十分巨大，不过它们所维持的时间并不一样，光斑要长一些。对于我们来说，它们的力量太强大了，简直可以把我们全部摧毁。毫不客气地说，它们的力量直接影响着太阳系！

耀斑、谱斑和光斑，它们是太阳上最常见的活动，它们偶尔调皮了，就会出来和我们打打招呼。每次它们出现的时候，总是会或多或少地给我们制造麻烦。

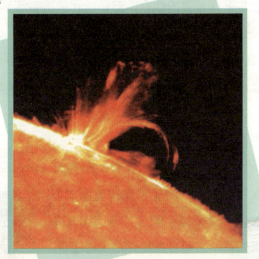

太阳耀斑对人类生活和活动有许多影响